兵团财政科技计划资助(Supported by Bintuan Science and Technology Program)
项目编号:2021CD002

新疆地产药用植物图谱

XINJIANG DICHAN YAOYONG ZHIWU TUPU

李 红 庞克坚 其曼古丽·吐尔洪 编著

西北农林科技大学出版社

图书在版编目（CIP）数据

新疆地产药用植物图谱 / 李红, 庞克坚, 其曼古丽·吐尔洪编著. -- 杨凌：西北农林科技大学出版社, 2022.7
ISBN 978-7-5683-1104-5

Ⅰ. ①新… Ⅱ. ①李… ②庞… ③其… Ⅲ. ①药用植物—新疆—图谱 Ⅳ. ①Q949.95-64

中国版本图书馆CIP数据核字(2022)第090678号

新疆地产药用植物图谱

李红　庞克坚　其曼古丽·吐尔洪　编著

出版发行	西北农林科技大学出版社
地　　址	陕西杨凌杨武路3号　　邮　编：712100
电　　话	总编室：029-87093195　　发行部：029-87093302
电子邮箱	press0809@163.com
印　　刷	陕西森奥印务有限公司
版　　次	2022年7月第1版
印　　次	2022年7月第1次印刷
开　　本	787 mm×1 092 mm　1/16
印　　张	12
字　　数	224千字

ISBN 978-7-5683-1104-5

定价：48.00元

本书如有印装质量问题，请与本社联系

前 言
PREFACE

  新疆位于我国西北部，约占中国国土总面积的1/6，是我国陆地面积最大、资源丰富的省级行政区。新疆地貌可以概括为"三山夹两盆"：北面是阿尔泰山，南面是昆仑山，天山横亘于中部，把新疆分为南北两部分。位于南部的塔里木盆地是我国最大的内陆盆地，在塔里木盆地中形成了塔克拉玛干沙漠，同时也有众多绿洲镶嵌在沙漠周边；阿尔泰山与天山交汇，既形成了富饶的塞上江南-伊犁河谷，又在准噶尔盆地中生成了古尔班通古特沙漠；这里既有冬季最低气温-50℃的阿勒泰地区，亦有夏季最高气温高于50℃的吐鲁番盆地。新疆生物资源种类繁多，物种独特，植物区系处于欧洲森林亚区、欧亚草原区、中亚荒漠区、中亚荒漠亚区、亚洲中部荒漠亚区和中国喜马拉雅山植物亚区的交汇处，形成了丰富的生物多样性。新疆复杂多样的地理环境及生态条件孕育了丰富而独具特色的药用植物资源，新疆地产药用资源是中国医药学宝库的一个重要组成部分，新疆各族人民应用当地药用资源防病治病，特别是维吾尔、哈萨克等民族形成了特有的药材应用体系。

  近些年来，中药、民族药现代化产业的发展带动了新疆药用植物资源的发展，除阿魏、软紫草等新疆特有品种外，甘草、红花、肉苁蓉、枸杞、伊贝母等产量已位居全国第一位，是我国重要的中药材主产区。将新疆的药用资源介绍给国人，使这些丰富的资源更好地为祖国社会主义现代化建设服务，是编者的心愿，恰逢新型冠状病毒肆虐全球，各地也出现中药对预防治疗新型冠状病毒有效的报道，更坚定了编者编著出版本书的初心。

  本书的内容将新疆地产药用植物原植物的彩色图及文字介绍相融合，共收载134种新疆药用植物隶属于55科，皆是从多年工作在一线的编者野外调查时积累的标本及图片等资料中精选的，既有新疆地产大宗常用中药材品种，亦有维吾尔医用常用药、哈萨克医用及当地民间民族医用药物，具有一定的代表性。本书正文按照学名、别名、来源、药用部位、形态特征、生境、产地、采集加工、化学成分和功能主治的顺序描述，并附有植物形态特征图。

在本书的编写中，石河子大学植物分类学专家阎平教授在药用植物鉴定方面给予了大力支持，并对书稿进行了审核，石河子大学朱芸教授、王翔飞副教授亦在成稿过程中提出了宝贵意见。在此一并表示衷心的感谢！

全书植物分类、学名和来源以《新疆植物志》为准，《新疆植物志》未收录的物种以《中国植物志》为准。本书中"形态特征"部分的描述源于《新疆植物志》《中国植物志》，特此说明。

为方便读者阅读，本书"产地"中的新疆地名均不列出自治州、地区的名称，只列出其下辖地区县级市、直辖县级、县级的行政区名，"县""市"二字不写；新疆各县的分布，按统一的顺序列出。

限于编著者的专业与水平，书中难免存在错误、遗漏和不足之处，敬请各位有识之士指点、更正。

编者

2022 年 4 月 3 日

目　录
CONTENTS

第一章　蕨类植物门

一、木贼科 002

第二章　裸子植物门

一、柏科 004
二、麻黄科 006

第三章　被子植物门

一、眼子菜科 010
二、禾本科 011
三、莎草科 016
四、百合科 017
五、鸢尾科 021
六、杨柳科 024
七、桑科 026
八、大麻科 027
九、荨麻科 028
十、蓼科 030
十一、藜科 034
十二、苋科 036

十三、马齿苋科 037
十四、睡莲科 038
十五、毛茛科 040
十六、牡丹科 043
十七、小檗科 044
十八、罂粟科 046
十九、山柑科 050
二十、十字花科 052
二十一、蔷薇科 056
二十二、豆科 067
二十三、牻牛儿苗科 079
二十四、骆驼蓬科 080
二十五、蒺藜科 081
二十六、芸香科 082
二十七、大戟科 083
二十八、凤仙花科 086
二十九、鼠李科 088
三十、锦葵科 089
三十一、藤黄科 094
三十二、柽柳科 096
三十三、堇菜科 098
三十四、胡颓子科 100
三十五、石榴科 103

· 1 ·

三十六、柳叶菜科..................104	四十八、列当科..................145
三十七、锁阳科..................106	四十九、车前科..................146
三十八、伞形科..................107	五十、忍冬科..................147
三十九、白花丹科..................113	五十一、桔梗科..................148
四十、龙胆科..................114	五十二、菊科..................151
四十一、夹竹桃科..................117	
四十二、旋花科..................120	**主要参考文献**..................180
四十三、花荵科..................123	
四十四、紫草科..................124	**中文种名索引**..................181
四十五、唇形科..................126	
四十六、茄科..................138	**拉丁种名索引**..................184
四十七、玄参科..................144	

新疆地产药用植物图谱

XINJIANG DICHAN YAOYONG ZHIWU TUPU

第一章 蕨类植物门

一、木贼科 Equisetaceae

1　节节草

学　　名：*Equisetum ramosissimum* Desf.
别　　名：土木贼、锁眉草、笔杆草、笔筒草、通气草、眉毛草、木贼草等。
来　　源：木贼科木贼属植物节节草 *Equisetum ramosissimum* Desf.。
药用部位：地上部分。
形态特征：根状茎棕褐色，横走。地上茎灰绿色，多年生，高 30～80 cm，粗 2～3 cm，粗糙，具 6～18 条棱肋，沿棱上有 1 列疣状突起，沟槽内有 2 列气孔；侧枝多从基部或从节上发出，斜展。叶鞘筒状，筒长 4～10 mm，叶鞘齿 6～16 枚，三角形或披针形，背部具浅沟，灰色或棕褐色，具易脱落的膜质尾状尖。孢子囊穗顶生，长圆形或长椭圆形，长 5～20 mm，粗 3～4 mm，无柄，顶端具小尖头。
生　　境：荒漠河、湖岸边，砂地，砾石地，海拔 500～3 000 m。
产　　地：阿勒泰、布尔津、阜康、乌鲁木齐、玛纳斯、博乐、察布查尔、霍城、若羌、且末、英吉沙、莎车、叶城、塔什库尔干、和田、皮山等地。
采集加工：四季可采，割取地上全草，洗净，晒干。
化学成分：主要含生物碱、皂苷类、甾体类、黄酮类、多糖等，及少量的鞣质。
功能主治：味甘、微苦。清热，利尿，发汗祛寒，明目退翳，祛痰止咳，止血，接骨。用于治疗小儿疳积、感冒发热、支气管炎、肝炎、尿路结石、尿路感染、月经过多、跌打骨折、祛风除湿、目赤肿痛、角膜薄翳等。

新疆地产药用植物图谱

XINJIANG DICHAN YAOYONG ZHIWU TUPU

第二章 裸子植物门

一、柏 科 Cupressaceae

1　新疆圆柏

学　　名：*Juniperus sabina* L.
别　　名：刺柏、桧柏、臭柏、柏树、沙地柏、叉子圆柏、欧亚圆柏。
来　　源：柏科圆柏属植物新疆圆柏 *Juniperus sabina* L.。
药用部位：嫩枝叶、果实。
形态特征：匍匐灌木。树皮灰色或淡灰红色。主干枝蔓生铺地，侧生枝和主干枝梢部斜上展；木质化小枝上部包以干枯鳞片叶，呈棕褐色，四棱形，随着树龄增长，鳞叶干枯脱落后，小枝呈现棕红色或灰红色，圆柱形，着生有基部或中部以下木质化的四棱形一级小枝，依次再发出二次小枝，从其叶腋再发生较短、呈二歧式的三级小枝；二、三级小枝一般很细长，粗约1 mm，长达2～3 cm，全由鳞叶组成，上下叶片之间常收缩成圆筒状，草质，易折断，随着树龄的成长，这些小枝也将升级，重发出新的二、三级小枝。叶分刺叶和鳞叶；幼苗和幼树下部枝几全为刺叶，成年树则兼有；鳞片叶呈菱形或狭菱形，长1.0～1.5 mm，顶端钝少锐尖，直，不内弯；背腺长圆形，居中，显著。雌雄异株少同株，球花均着生在三级小枝顶端；雄球花长圆形或椭圆形，淡黄色，长2～3 mm，小孢子叶5～7对，各具2～4枚小孢子囊；雌球花初直立后俯垂。球果小，丰盛，新老并存，长5～7 mm，径约5～6 mm，卵形、球形或半圆形、倒卵形，顶端圆、钝或截形，成熟前污黑色、淡黄绿色、淡绿色、橄榄绿色，成熟时黑色、蓝黑色或淡褐色，密被白粉，含1～4粒种子。种子或2粒平行向上，或相互成钝角或锐角开展，或两边各2粒，或左边2粒，右边1粒，或同一枝上少数球果仅1粒，卵形、阔卵形、圆锥状卵形（1粒），三棱状卵形，顶端钝，两侧具棱，沿顶端棱脊常具瘤点状纹饰，背或腹部常具纵沟，中部以下或仅基部具树脂槽（仅解剖新疆标本）。花期5～6月，球果2～3年成熟。
生　　境：山地干旱山坡、灌丛、林缘，海拔900～3 000 m。在哈巴河界河已被沙质化的缓坡上（部分已被垦为耕地）残存的一片灌丛，显示出特殊的景观。
产　　地：阿尔泰山、准噶尔西部山地、天山山地。
采集加工：叶：全年可采，阴干，生用或炒用。种子：秋天采集，晒干，碾去外壳备用。
化学成分：含香桧醇、鬼臼毒素、树脂、挥发油、黄酮类、维生素C、鞣质等。
功能主治：圆柏叶：苦涩，寒；凉血止血，清热利湿。柏子仁：甘，平；养心安神、润肠通便。

第二章 裸子植物门

二、麻黄科 Ephedraceae

1 蓝枝麻黄

学　　名：*Ephedra glauca* Rgl.

别　　名：蓝麻黄。

来　　源：麻黄科麻黄属植物蓝枝麻黄 *Ephedra glauca* Rgl.。

药用部位：根和茎。

形态特征：小灌木，高 20～80 cm，茎基部粗约 1 cm，直立或偃卧而具斜上升的小枝；皮淡灰色或淡褐色，条状剥落。上年枝淡黄绿色，节间长 3～4 cm，径约 2.0～3.5 mm，具残存叶鞘，从节上对生或轮生出当年生小枝；当年生枝几相互平行向上，淡灰绿色，密被蜡粉，光滑，具浅沟纹，节间长 2～3 cm，径 1.5～2.0 mm；由根状茎或匍匐茎上发出的新枝，节间长 5～6 cm，径约 2～3 mm；从节上复发出细小枝。叶片 2 枚，连合成鞘，长 1.5～2.0 mm，4/5 连合，背部稍增厚，具两条几平行而不达顶端的棱肋，形成狭三角形或狭长圆形叶片，顶端钝或渐尖，基部沿节上一圈增厚，联结叶片的膜较宽，近革质，淡黄绿或淡黄褐色，后变淡灰白色，常具横纹。雄球花（聚合小孢子叶球）椭圆形或长卵形，无柄或具短柄，对生或轮生于节上；基部具一对几水平展或微下弯、背部淡绿色的总苞片；两边各具一枚基部连合、边缘膜质、背部淡绿色具棱脊的舟形苞片；内含 3 朵花，中间 1 朵最大、最长，两侧各 1 朵较小，中间的 1 朵也具淡绿色小苞片和 3 朵花，但中间 1 朵常不育，均着生在薄膜质、中部以下连合的假花被（小孢子叶）中；从第二对苞片开始，两边各含 1 朵花，包围在中部以下连合、薄膜质的假花被（小孢子叶）中；在最上一对苞片中，含 3 朵花，中间 1 朵最大，它包围在中部以下连合的 1 对苞片中，内含 2 朵花；雄蕊柱（花药轴）全缘，长 1～2 mm，伸出，具 6～7 对无柄的花粉囊。雌球花含 2 种子，长圆状卵形，无柄或具短柄（长 4～8 mm），对生或几枚成簇对生；苞片 3～4 对，交互对生，草质，淡绿色，具白膜质边缘，成熟时红色，后期微发黑；最下一对总苞片呈叶鞘状，中部以下连合，不随雌球花脱落；第 2、3 对苞片依次较大，下部连合；最内层（上部）苞片最大，中部以下连合。种子 2 粒，不露出，椭圆形，长约 5 mm，宽约 2 mm，灰棕色，背部凸，腹面平凹；种皮光滑，有光泽；珠被管长 2～3 mm，螺旋状弯，顶端具全缘浅裂片。花期 6 月，种子 8 月成熟。

生　　境：前山荒漠砾石阶地、黄土状基质冲积扇、冲积堆、干旱石质山脊、冰积漂石坡地、石质陡峭山坡，海拔 1 000～3 000 m。

产　　地：青河、阜康、乌鲁木齐、和布克赛尔、沙湾、奎屯、乌苏、精河、伊宁、伊吾、哈密、巴里坤、鄯善、吐鲁番、和硕、和静、库车、沙雅、拜城、阿克苏、阿克陶、乌恰等地。

采集加工：夏秋割取地上部分，生用或蜜炙用。

化学成分：含生物碱、黄酮类、挥发油、鞣质、多糖及有机酸。

功能主治：根：收敛、止汗。茎：平喘，解热，止咳祛痰，自汗，盗汗，发汗，利尿。用于燥热、脾热、痹症、外伤出血、支气管哮喘、外感风寒、关节痛、水肿。

第三章 被子植物门

新疆地产药用植物图谱
XINJIANG DICHAN YAOYONG ZHIWU TUPU

一、眼子菜科 Potamogetonaceae

1 小节眼子菜

学　　名：*Potamogeton nodosus* Poir.
别　　名：牙齿菜、水案板、酸水草、水上漂。
来　　源：眼子菜科眼子菜属植物小节眼子菜 *Potamogeton nodosus* Poir.。
药用部位：全草。
形态特征：多年生浮水或沉水草本。根状茎发达，白色，直径 1～2 mm，多分枝，节处生须根；茎圆柱形，直径 1.5～2.0 mm，通常不分枝。叶分为 2 种类型：上面浮水叶扁平、革质，矩圆形或矩圆状披针形，长 5～12 cm，宽（2）3.5～4.0 cm，具 17～24 脉，于基部汇集，叶柄较长，沉水叶透明，披针形，先端稍钝，长 15～20 cm，具 7 脉，早破；托叶褐色，鞘状抱茎，长 3～4 cm。穗状花序顶生，开花时伸出水面，花簇多轮，紧密呈圆柱形，长 2～6 cm，花序梗比茎稍粗壮，或等粗；花小，花被片 4，淡绿色；雌蕊 4 枚离生。果实倒卵形，淡紫红色，长 3～4 mm，宽 1.0～1.5 mm，背部具不明显的 3 脊，顶端具稍弯曲的短喙。花果期 6～9 月。
生　　境：湖泊边、河湾、沟渠、池沼积水处以及稻田中。
产　　地：米泉、乌鲁木齐、玛纳斯、乌苏、塔城、察布查尔、吐鲁番、焉耆、库尔勒、拜城、阿瓦提、莎车、和田、于田等地。
采集加工：花初开时采集，晒干。
化学成分：含生物碱、类黄酮、二萜等。
功能主治：清热解毒，利尿，消积。用于急性结膜炎、黄疸、水肿、白带、小儿疳积、蛔虫病；外用治痈疖肿毒。

二、禾本科 Gramineae

1 芦苇

学　　名：*Phragmites australis* (Cav.) Trin. ex Steud.
来　　源：禾本科芦苇属植物芦苇 *Phragmites australis* (Cav.) Trin. ex Steud.。
药用部位：根和茎。
形态特征：多年生草本，具粗壮匍匐的根状茎。叶鞘无毛或具细毛；叶舌短，密生短毛；秆高达 3 m，节下通常具白粉。叶片扁平，平滑或边缘粗糙。圆锥花序稠密，开展，微向下垂；分枝粗糙，下部分枝腋间具白色柔毛；小穗通常含 3～5 朵花；颖具 3 脉，第 1 颖长 3～7 mm，第 2 颖长 5～11 mm；外稃具 3 脉，第 1 花通常为雄性，其外稃长 8～15 mm，内稃长 3～4 mm；第 2 外稃长 9～16 mm，顶端渐尖，基盘细长、具 6～12 mm 长的柔毛；内稃长约 3.5 mm，脊上粗糙。花果期 7～11 月。
生　　境：冲积洪积扇缘和平原低地，河滩洼地，河流三角洲及古老河床和湖滨，海拔 2 000 m 以下的山谷；在阿尔泰山海拔 3 200 m 的湖滨周围及昆仑山海拔 3 800～4 000 m 的喀拉喀什河岸也有生长。
产　　地：新疆各地。
采集加工：夏、秋二季采挖，切断、晒干。
化学成分：主要含纤维素、黄酮类化合物。
功能主治：清热，生津，止呕，利尿。用于内热烦渴、肺热咳嗽、呕吐、肺痈吐脓、热淋、涩痛。

2 冰草

学　　名：*Agropyron cristatum* (L.) Beauv.
别　　名：野麦子、扁穗冰草、羽状小麦草。
来　　源：禾本科冰草属植物冰草 *Agropyron cristatum* (L.) Beauv.。
药用部位：根。
形态特征：秆成疏丛，上部紧接花序部分被短柔毛或无毛，高 20～60（75）cm，有时分蘖横走或下伸成长达 10 cm 的根茎。叶片长 5～15（20）cm，宽 2～5 mm，质较硬而粗糙，常内卷，上面叶脉强烈隆起成纵沟，脉上密被微小短硬毛。穗状花序较粗壮，矩圆形或两端微窄，长 2～6 cm，宽 8～15 mm；小穗紧密平行排列成两行，整齐呈篦齿状，含（3）5～7 小花，长 6～9（12）mm；颖舟形，脊上连同背部脉间被长柔毛，第 1 颖长 2～3 mm，第 2 颖长 3～4 mm，具略短于颖体的芒；外稃被有稠密的长柔毛或显著地被稀疏柔毛，顶端具短芒长 2～4 mm；内稃脊上具短小刺毛。
生　　境：荒漠草原、草原和高寒草原，海拔 600～4 000 m。
产　　地：布尔津、青河、托里、温泉、精河、沙湾、乌鲁木齐、伊宁、昭苏、和硕、新源、和静、焉耆、拜城、库车、阿克苏、乌恰、疏勒等地。
采集加工：4～6 月采收，晒干。
化学成分：主要含酚酸、类黄酮、维生素、植物甾醇和燕麦生物碱等。
功能主治：性微寒，味苦。清热，利湿，止血。用于哮喘、咳痰带血、感冒、咯血、吐血、外伤出血、淋病、赤白带下、血尿、肾盂肾炎、功能性子宫出血、月经不调。

3 虎尾草

学　　名：*Chloris virgata* Sw.
别　　名：棒锤草、刷子头、盘草。
来　　源：禾本科虎尾草属虎尾草 *Chloris virgata* Sw.。
药用部位：全草。
形态特征：1 年生草本。秆直立或基部膝曲，高 12～60 cm，光滑无毛。叶鞘背部具脊，无毛；叶舌长约 1 mm；叶片条状披针形，两面无毛或边缘及上面粗糙。穗状花序多个簇生茎顶，常直立而并拢呈毛刷状，成熟时常带紫色；小穗无柄，排列于穗轴一侧，含 2 朵小花；颖膜质，具 1 脉，第 1 颖长约 1.8 mm，第 2 颖等长或略短于小穗，中脉延伸成长 0.5～1.0 mm 的小尖头；第 1 小花两性，外稃纸质，两侧压扁，具 3 脉，沿脉及边缘疏被柔毛或无毛，两侧边缘 1/3 处有白色柔毛，顶端尖或有时具 2 微齿，芒自背部顶端稍下方伸出，基盘具毛，内稃膜质，稍短于外稃，具 2 脊，脊上被微毛；第 2 小花不孕，仅存外稃，长约 1.5 mm，顶端截平或微凹，芒长 4～8 mm。颖果纺锤形，淡黄色，透明，光滑无毛，胚长约为颖果的 2/3。花果期 6～10 月。
生　　境：平原绿洲的路边、荒地、河岸沙地。
产　　地：福海、青河、塔城、和布克赛尔、托里、克拉玛依、博乐、精河、乌苏、奎屯、玛纳斯、乌鲁木齐、奇台、阜康、巴里坤、霍城、察布查尔、昭苏、新源、和静、和硕、焉耆、托克逊、吐鲁番、鄯善、哈密、库尔勒、轮台、库车、阿克苏、柯坪、乌恰、喀什、莎车、叶城、和田、策勒、若羌等地。
采集加工：夏秋季采收后，及时晒干。
化学成分：主要含黄酮类化合物。
功能主治：清热除湿，杀虫，止痒，活血调经，散瘀消肿，解毒生肌，利水，降血压。

4 狗尾草

学　　名：*Setaria viridis* (L.) Beauv.
别　　名：阿罗汉草、稗子草、狗尾草。
来　　源：禾本科狗尾草属植物狗尾草 *Setaria viridis* (L.) Beauv.。
药用部位：全草和种子。
形态特征：1年生草本。秆直立或基部膝曲，高 10～80 cm。叶鞘松弛，无毛，疏被柔毛或疣毛，边缘密生长绵毛状纤毛；叶舌极短，边缘纤毛；叶片扁平，通常无毛或疏被疣毛，边缘粗糙。圆锥花序紧密呈圆柱状或基部稍疏离，直立或稍弯垂，主轴被较长的柔毛，刚毛长 4～12 mm，粗糙或微粗糙，直或稍扭曲，通常绿色、紫红色或紫色；小穗 2～5 簇生于主轴上或更多的小穗着生于短枝上，椭圆形，先端钝，铅绿色，第 1 颖卵形至宽卵形，长约为小穗的 1/3，先端钝或稍尖，具 3 脉；第 2 颖与小稃等长，椭圆形，具 5～7 脉；第 1 外稃与小穗等长，具 5～7 脉，先端钝，内稃短小狭窄；第 2 外稃椭圆形，顶端钝，具细点状皱纹，边缘内卷。颖果灰白色。花果期 6～9 月。

生　　境：平原绿洲及山地农区的田边、地埂、荒野、路边，是旱地作物田间习见的杂草，海拔 40～4 000 m。
产　　地：布尔津、福海、青河、塔城、和布克赛尔、托里、温泉、精河、乌苏、克拉玛依、石河子、呼图壁、乌鲁木齐、米泉、吉木萨尔、木垒、伊吾、伊宁、尼勒克、巩留、昭苏、和静、博湖、吐鲁番、鄯善、哈密、库尔勒、轮台、新和、拜城、阿克苏、阿合奇、乌恰、巴楚、岳普湖、喀什、莎车、泽普、塔什库尔干、叶城、皮山、和田、墨玉、策勒、民丰、且末、若羌等地。
采集加工：夏秋季采收后，及时晒干。
化学成分：主要含糖和黄酮类化合物。
功能主治：性平，味淡。祛风明目，清热利尿，除热去湿，消肿，杀虫。用于痈疮肿毒、黄水疮、癣疥流汁、瘙痒、恶血、风热感冒、头晕胀痛、沙眼、目赤疼痛、眼睑炎、赤白痢疾、黄疸肝炎、小便不利。外用治颈淋巴结结核。

5 荩草

学　　名：*Arthraxon hispidus* (Thunb.) Makino

别　　名：绿竹、光亮荩草、匿芒荩草。

来　　源：禾本科荩草属植物荩草 *Arthraxon hispidus* (Thunb.) Makino。

药用部位：茎和叶。

形态特征：1年生草本。秆细弱，无毛，基部倾斜，高30～45 cm，具多节，常分枝，基部节着土后易生根；叶鞘短于节间；叶舌膜质，长0.5～1.0 mm，边缘具纤毛；叶片卵状披针形，基部呈心形抱茎，长2～4 cm，宽8～15 mm，除下部边缘生纤毛外均无毛。总状花序细弱，长1.5～3.0 cm，2～10枚呈指状排列或簇生于茎顶，穗轴节间无毛，长为小穗的2/3～3/4；有柄小穗退化仅剩短柄，柄长0.2～1.0 mm；无柄小穗长4.0～4.5 mm，卵状披针形，灰绿色或带紫色；第1颖草质，边缘膜质，具7～9脉，脉上粗糙，先端钝；第2颖近于膜质，与第1颖等长，舟形，脊上粗糙，具3脉而两侧脉不明显，先端尖；第1外稃透明膜质，长圆形，先端尖，长约为第1

颖的2/3；第2外稃与第1外稃等长，透明膜质但基部质较硬，近基部伸出一膝曲的芒，芒长6～9 mm，下部扭转；雄蕊2，花药黄色带紫色，长0.7～1.0 mm。颖果长圆形，与稃体几等长。花果期7～9月。

生　　境：平原绿洲中的河畔、水边、沼泽化草甸，海拔170～1 500 m。

产　　地：塔城、沙湾、玛纳斯、米泉、察布查尔、吐鲁番、哈密、焉耆、拜城、疏勒、和田等地。

采集加工：夏、秋二季采挖，切断、晒干。

化学成分：主要含生物碱和黄酮类化合物。

功能主治：清热解毒，止咳定喘，祛风杀虫。主治久咳气喘、肝炎、咽喉肿痛、口腔溃疡、鼻炎、淋巴腺炎、乳腺炎。外用治疥癣、皮肤瘙痒、痈疖。

三、莎草科 Cyperaceae

1 水葱

学　　名：*Scirpus tabernaemontani* C. C. Gmel.
别　　名：葱蒲、莞草、蒲苹、水丈葱、冲天草。
来　　源：莎草科藨草属植物水葱 *Scirpus tabernaemontani* C. C. Gmel.。
药用部位：全草。
形态特征：多年生草本。具粗状的匍匐根状茎；秆高 100～200 cm，径达 1.5 cm，圆柱形，仅花序下梢呈三棱形，平滑。叶鞘无毛，膜质，下部者淡褐色，通常无叶片，仅上面一个叶鞘具小的狭条形叶片。苞片 1～2 枚，其中 1 枚恰如秆的延长部分，直立向上，通常比花序短；长侧枝聚伞花序假侧生，简单或复出，具 3～10 余个不等长的辐射枝，长者可达 5cm；小穗卵形或卵状长圆形，长 5～10 mm，宽 2.0～3.5 mm，具多数花，单生或 2～3 个簇生于辐射枝顶端；鳞片椭圆形或宽卵形，膜质，边缘微透明，具纤毛，顶端微凹缺，背部具中肋，延伸至凹缺处成小尖，背部红褐色，通常具暗紫红色瘤状突起，长约 3.5 mm；下位刚毛 6 条，与小坚果近于等长，红褐色，具倒刺；雄蕊 3。小坚果倒卵形，近于扁平，稍呈平凸状，灰褐色，平滑，长约 2 mm，柱头 2。花果期 5～8 月。

生　　境：平原绿洲及山区的积水沼泽、水边湿草地及水稻田里，海拔 100～3 700 m。
产　　地：布尔津、阿勒泰、福海、富蕴、青河、裕民、和布克赛尔、托里、沙湾、石河子、玛纳斯、乌鲁木齐、米泉、奇台、巴里坤、伊宁、察布查尔、特克斯、昭苏、托克逊、吐鲁番、拜城、库尔勒、焉耆、疏勒、疏附、莎车、叶城、塔什库尔干、和田等地。
采集加工：夏秋季采收后，及时晒干。
化学成分：主要含黄酮类化合物。
功能主治：利水消肿，主治水肿胀满、小便不利。

四、百合科 Liliaceae

1 萱草

学　　名：*Hemerocallis fulva*（L.）L.
别　　名：丹棘、忘忧草、鹿葱、鹿剑、川草花、宜男草、疗愁、益男草、地人参、金针菜、黄花菜。
来　　源：百合科萱草属植物萱草 *Hemerocallis fulva*（L.）L.。
药用部位：根。
形态特征：多年生草本。根茎极短，丛生多数肉质纤维根及膨大呈纺锤形的块根。叶基生，线形，先端渐尖，基部抱茎，全缘，主脉明显，在背面凸出。花茎圆柱状，自叶丛抽出，高出叶面；花6~10朵或更多，集成伞房花序，两歧；苞片短卵状三角形；花梗长；花大，橘红色或黄红色，无香味；花被下部管状，上部钟状，6裂，裂片长椭圆形，排列为2轮，外轮3片，内轮2片，宽约2.5 cm，边缘稍呈波状，脉纹分枝或接合；雄蕊6，突出花被外，花丝线状，花药多"丁"字形；子房长圆形，3室。蒴果长圆形，具钝棱，成熟时开裂；种子有棱角，黑色，光亮。花期6~7月。本种的主要特征是：根近肉质，中下部有纺锤状膨大；叶一般较宽；花早上开晚上凋谢，无香味，橘红色至橘黄色，内花被裂片下部一般有"Λ"形采斑。

生　　境：栽培。
产　　地：新疆各地。
采集加工：夏秋季采挖，除去残茎、须根，洗净泥土，晒干。
化学成分：主要含蒽醌类化合物和生物碱等。
功能主治：清热解毒，消肿利水，止血，止痛。主治黄疸、水肿、淋浊、带下、衄血、便血、崩漏、乳痈、乳汁不通。

2 伊贝母

学　　名：*Fritillaria pallidiflora* Schrenk

别　　名：贝母、生贝、西贝母、阿合菊热克（哈萨克名）、苏乎古力（维吾尔名）。

来　　源：百合科贝母属植物伊贝母 *Fritillaria pallidiflora* Schrenk。

药用部位：鳞茎。

形态特征：多年生草本。地下鳞茎由 2 枚广圆形或近圆形鳞瓣组成，外被淡褐色薄膜。茎直立，高 20～30 cm，叶互生，基生叶少数对生，下部叶椭圆形，宽披针形或狭卵形，基部半抱茎，长 5～10 cm，宽 1.5～3.5 cm，（栽培种更宽），顶端不卷曲；上部叶有时近对生或 3 个近轮生披针形；苞叶 2 个，狭披针形。花 1～（2～5）朵，着生在茎顶端，开花后下垂；花冠钟状，长 3.0～4.5 cm，淡黄色、橘黄色、深黄色或蓝紫色（花后期）；外花被长圆状倒卵形，长 3.0～4.5 cm，宽 1.8～2.2 cm，脉纹暗褐色（花期棕黄色）或黄色，里面基部具淡棕色方格网纹和褐色斑点直到顶端，先端钝圆，基部具蜜腺，从蜜腺窝处弯曲呈直角；内花被片稍短于外花被，卵形或匙形，近基部收缩，弯曲呈锐角；雄蕊 6 枚，短于花被，花药长圆形，金黄色；花柱长于雄蕊，顶端 3 裂，裂片长 3 mm。蒴果长圆形，具果翅。花期 5 月，果期 6 月。

生　　境：山地草甸草原，海拔 1 200～2 500 m。

产　　地：哈巴河、布尔津、阿勒泰、吉木乃、富蕴、青河、塔城、额敏、裕民、和布克赛尔、托里、温泉、博乐、霍城、伊宁、察布查尔、昭苏、特克斯、尼勒克、巩留、新源等地。

采集加工：夏秋季采挖，除去泥沙，晒干，再去须根及外皮。

化学成分：主要含三萜、生物碱、蒽醌和有机酸等成分。鳞茎含西贝素、新贝素甲。

功能主治：性微寒，味苦、甘。清热润肺，化痰止咳。用于肺热咳嗽、干咳少痰、阴虚劳嗽、咳痰带血、久喘气急、气管炎、淋巴结核、胸闷痰黏、黄疸、瘰疬、痈肿。

3 野百合

学　　名：	*Lilium brownii* F. E. Brown ex Miellez
别　　名：	佛指甲、狸豆、狗铃草、蓝花野百合、山油麻、野芝麻、芝麻响铃铃、农吉利。
来　　源：	百合科百合属植物野百合 *Lilium brownii* F. E. Brown ex Miellez。
药用部位：	全草。
形态特征：	鳞茎球形，直径 2.0～4.5 cm；鳞片披针形，长 1.8～4.0 cm，宽 0.8～1.4 cm，无节，白色。茎高 0.7～2.0 m，有的有紫色条纹，有的下部有小乳头状突起。叶散生，通常自下向上渐小，披针形、窄披针形至条形，长 7～15 cm，宽 (0.6～)1～2 cm，先端渐尖，基部渐狭，具 5～7 脉，全缘，两面无毛。花单生或几朵排成近伞形；花梗长 3～10 cm，稍弯；苞片披针形，长 3～9 cm，宽 0.6～1.8 cm；花喇叭形，有香气，乳白色，外面稍带紫色，无斑点，向外张开或先端外弯而不卷，长 13～18 cm；外轮花被片宽 2.0～4.3 cm，先端尖；内轮花被片宽 3.4～5.0 cm，蜜腺两边具小乳头状突起；雄蕊向上弯，花丝长 10～13 cm，中部以下密被柔毛，少有具稀疏的毛或无毛；花药长椭圆形，长 1.1～1.6 cm；子房圆柱形，长 3.2～3.6 cm，宽 4 mm，花柱长 8.5～11.0 cm，柱头 3 裂。蒴果矩圆形，长 4.5～6.0 cm，宽约 3.5 cm，有棱，具多数种子。花期 5～6 月，果期 9～10 月。
生　　境：	山地草原带及云杉林下，海拔 1 500～2 000 m。
产　　地：	北疆。
采集加工：	夏秋季采收后，及时晒干。
化学成分：	主要含生物碱、三萜、蛋白质、脂肪、维生素、胡萝卜素等。
功能主治：	清热，利湿，解毒。治痢疾，疮疖，小儿疳积。近试用于治疗癌症。

五、鸢尾科 Iridaceae

1 番红花

学　　名：*Crocus sativus* L.

别　　名：西红花、藏红花、萨法泊夫兰、撒馥兰、撒法郎、秋番红花、印度红花、卡漆哭贡（藏名）。

来　　源：鸢尾科番红花属植物番红花 *Crocus sativus* L.。

药用部位：柱头。

形态特征：多年生草本。球茎扁圆球状，直径 2.5～4.0 cm，外有黄褐色膜质包被。叶基生，9～15 枚，条形，长 13～22 cm，宽 2～3 mm，边缘反卷；叶丛基部具膜质鞘状叶。花茎短，花 1～2 朵，蓝色、红紫色，偶见白色，芳香；花被 6 裂片，2 轮排列，呈倒卵形，顶端钝，长 4～6 cm；雄蕊直立，花药黄色；雌蕊花柱橙红色，弯曲下垂，顶端浅裂，子房纺锤形。蒴果椭圆形，长 3 cm。

生　　境：栽培。

产　　地：北疆玛纳斯县及南疆和田地区。

采集加工：花期选择晴天早晨采收花朵，摘下柱头，烘干，密闭保存。

化学成分：主要含黄酮类化合物、藏红花素、挥发油等。

功能主治：活血化瘀，散瘀开结。治忧思郁结、胸膈痞闷、吐血、伤寒发狂、惊怖恍惚、妇女闭经、产后瘀血腹痛、跌打肿痛等。

2 马蔺

学　　名：	*Iris lactea* var. *chinensis* (Fisch.) Koidz.
别　　名：	马莲、马帚、箭秆风、兰花草、紫蓝草、蠡实、马兰花、马兰、白花马蔺。
来　　源：	鸢尾科鸢尾属植物马蔺 *Iris lactea* var. *chinensis* (Fisch.) Koidz.。
药用部位：	全草、花和种子。
形态特征：	多年生密丛草本。根状茎粗状，木质，斜伸，植株基部包有老叶残留叶鞘及毛发状纤维；须根为棕褐色，少分枝。基生叶条形或剑形，长约45～50 cm，宽4～7 mm，基部鞘状，先端渐尖，中脉不明显，花茎高10～50 cm；苞叶3～5枚，草质，边缘白色，长4～10 cm，宽0.8～1.5 cm，披针形，先端渐尖，内包有2～4朵花；花蓝色、蓝紫色或浅蓝色，花被管很短，外花被裂片倒披针形，中部有黄色条纹，内花被裂片狭倒披针形。蒴果长4～6 cm，直径1.0～1.5 cm，肋6条明显，顶端具尖喙；种子近球形，棕褐色。花期5～7月，果期6～8月。
生　　境：	天山海拔840～1 500 m的山坡草地，山谷溪边，海拔220～690 m的绿洲平原及盆地边缘荒漠草原、田野、路边、庭院荒地及芨芨草草甸。
产　　地：	阿勒泰、阜康、乌鲁木齐、昌吉、玛纳斯、石河子、沙湾、和布克赛尔、伊宁、巩留、特克斯、昭苏、哈密、鄯善、吐鲁番、焉耆、拜城、阿克苏、乌什、阿克陶、乌恰、疏附、疏勒、莎车、叶城、策勒、于田等地。
采集加工：	夏秋季采收，晒干。
化学成分：	主要含黄酮类化合物、苯醌类化合物及低聚芪类化合物等。
功能主治：	全草：治喉痹、淋浊、关节痛、痈疽恶疮。根：性平，味甘；清热解毒；用于急性咽炎、传染性肝炎、痔疮、牙痛。花：性微凉，味咸、酸、苦；清热凉血、利尿消肿；主治吐血、咯血、衄血、咽喉肿痛、小便不利、泌尿系统感染；外用治痈疽疮疡、外伤出血。种子：性平，味甘；凉血止血，清热利湿；用于吐血、衄血、功能性子宫出血、急性黄疸型传染性肝炎、骨结核、小便不利、疝痛的治疗；外用治痈肿、外伤出血。

六、杨柳科 Salicaceae

1 胡杨

学　　名： *Populus euphratica* Oliv.

别　　名： 胡桐、英雄树、异叶胡杨、异叶杨、水桐、三叶树、幼发拉底杨。

来　　源： 杨柳科杨属植物胡杨 *Populus euphratica* Oliv.。

药用部位： 树脂及树脂注入土壤中与盐碱等起作用后的块状物。中药材名称为胡桐泪。

形态特征： 乔木，高 10～20 m，稀灌木状。树冠开展；主干多数明显，枝下高 40～300 cm；胸高直径 30～45 cm，少至 150 cm；树皮淡灰褐色，深纵条裂。幼枝圆筒形，淡红—淡黄色；萌条细，无毛或有绒毛；成年树小枝泥黄色，被短绒毛或无毛。叶形多变化；苗期和萌枝叶披针形或线状披针形，长 5～12 cm，宽 0.5～2.5 cm，全缘或具疏波状齿；花枝叶宽卵圆形、卵圆状披针形，三角状卵圆形或肾圆形，先端有粗齿牙，基部楔形、阔楔形、圆形或截形，长 2.5～4.5 cm，宽 3～7 cm，两面同色；叶柄侧扁，约与叶片等长，在叶片基部的柄上，具 2 腺点；萌枝叶柄极短，长仅 1 cm，被短绒毛或无毛。芽卵状圆锥形，淡褐色；花芽长 5～12 cm；叶芽长 3～5 mm。雄花序细圆柱形，长 4.0～4.5 cm，平均着生 25～28 朵花，每花平均有雄蕊 15～25 枚，花药紫红色，花丝短，花盘膜质，碗状，边缘有不规则细齿；苞片略呈菱形，长约 3 mm，上部有疏齿牙；花序轴和花梗密被开展绒毛；雌花序长约 2～3 cm，果期长达 9 cm；花序轴有短绒毛或无毛，平均着生 20～30 朵花，子房长卵形，由 3 心皮组成，极少 2～4 心皮；胚珠着生于内壁，每心皮生 35～45 枚，子房被短绒毛或无毛，子房柄约与子房等长，柱头 3 或 2 浅裂，鲜红或淡黄绿色；花盘碗状，边缘有细齿，被绒毛，膜质，早落。蒴果长椭圆形，长 10～12 mm，宽 3～5 mm，2 瓣裂，约含 110 粒种子。种子细小，淡棕褐色，长 0.7～0.8 mm，宽 0.4～0.5 mm，每克种子 11～12 千粒，绝对重 0.11～0.12 mg。花期 5 月，果期 7～8 月。

生　　境： 荒漠河流沿岸、排水良好的冲积沙质壤土上，海拔 800～2 400 m。

产　　地： 北纬 36°30′～36°47′、东经 82°30′～82°96′ 的广大地区，主要集中在塔里木河上游叶尔羌河、喀什河以及塔里木河中游一带。

采集加工： 多在春秋树皮开裂处或树干基部土中收集，去其杂质。

化学成分： 主要含三萜、二萜、无机盐类等。

功能主治： 清热利湿，消肿止痛，凉血解毒。治咽喉炎、口齿肿痛、颈淋巴结核、胃痛。

第三章 被子植物门

七、桑科 Moraceae

1 白桑

学　　名：*Morus alba* L.
别　　名：桑椹子、桑枣、桑果、桑子。
来　　源：桑科桑属植物白桑 *Moms alba* L.。
药用部位：果穗、叶、嫩枝、根皮。
形态特征：落叶乔木，高至 15 m。小枝淡黄褐色，幼时微有毛，后渐无毛。单叶互生，叶卵形至阔卵圆形，长 6～18 cm，宽 4～8 cm，先端渐尖或短渐尖，基部圆形或浅心脏形，稍偏斜，边缘有粗或钝锯齿，有时浅或深裂，上面淡绿色，平滑，下面沿叶脉有细毛或近无毛；叶柄长 1.0～4.5 cm。花单性，雌雄异株；雌花序长 8～20 mm，具 4 枚花被片，结果时变肉质；雄花序长至 1～3 cm。聚花果长 1.0～2.5 cm，白色（桑椹），味甜而淡。
生　　境：栽培。
产　　地：新疆各地，以南疆最为普遍。
采集加工：桑根：果实近成熟时采集果穗，晒干。桑叶：霜期前后采集叶，晾干。桑枝：春季或夏初采集嫩枝，晒干。桑白皮：春季采挖根皮，刮去粗皮，切丝，晒干。
化学成分：果含糖类、有机酸、维生素等；枝叶含腺嘌呤、生物碱、麦角甾醇、胡萝卜素等；根皮含挥发油、有机酸、黄酮类化合物等。
功能主治：桑椹（果穗）：补肝益肾、养血生津、目眩、耳鸣、心悸、头发早白等。桑叶：散风热、清头目。根皮：利尿，用于肺热喘咳、面目浮肿。嫩枝：祛风湿，利关节。

八、大麻科 Cannabaceae

1 啤酒花

学　　名： *Humulus lupulus* L.
别　　名： 忽布、蛇麻草、野酒花、啤瓦古丽（维吾尔名）。
来　　源： 大麻科葎草属植物啤酒花 *Humulus lupulus* L.。
药用部位： 雌花序。
形态特征： 多年生攀援植物。叶 3 裂，有时 5～7 裂至于中部或以下，顶端裂片宽阔，宽约长 1/3，有粗锯齿，上面甚粗糙，下面较光滑，有疏生腺体；叶柄几等长叶片。雄花呈圆锥状花序。果穗矩圆形，成熟时长 5～10 cm；苞片薄而大，顶端钝，包围瘦果，有树脂腺，近无绒毛。
生　　境： 山地林缘、灌丛、河谷。
产　　地： 阿尔泰山和天山各地。
采集加工： 夏秋采摘，鲜用或晒干用。
化学成分： 主要含多酚类、黄酮类、多糖类等化学成分。
功能主治： 味苦，性平。归胃、肝经。健胃消食，抗结核，安神利尿。用于食欲缺乏、腹胀、肺结核、胸膜炎、失眠、癔症、浮肿、膀胱炎。

九、荨麻科 Urticaceae

1 焮麻

学　　名：*Urtica cannabina* L.
别　　名：麻叶荨麻、蝎子草。中药材名麻叶荨麻。
来　　源：荨麻科荨麻属植物焮麻 *Urtica cannabina* L.。
药用部位：全草和根。
形态特征：多年生草本，高70～150 cm。根茎匍匐。茎直立，四棱形，通常不分枝，被有短伏毛和稀疏的螫毛。叶交互对生，掌状3～5全裂或深裂，长7～15 cm，宽6～12 cm，再羽状分裂成小裂片，表面深绿色，被有短伏毛或近无毛，密布小颗粒状钟乳体，叶脉凹陷，背面淡绿色，被短伏毛和螫毛，以脉上较多，叶脉突起，基出脉3～5条；叶柄细长，长2～8 cm，有短毛和螫毛或无毛；托叶小，狭披针形，长7～10 mm，离生，后渐脱落。花单性，雌雄同株或异株，同株时，雄花序生在茎下部叶腋；雄花花被4深裂，花被片椭圆状卵形，外面有毛；雌花被片4，外面2片小，内面2片花后增大，宽椭圆形，宿存，等长或长于果实，外面有短毛和1～3根螫毛。瘦果椭圆状卵形，两面凸起而稍扁，长2.0～2.5 mm，表面多少具褐色斑点。花期7～8月，果期8～9月。
生　　境：河谷水边、林缘、河漫滩、阶地、山脚和山沟，海拔540～2 580 m。
产　　地：奇台、乌鲁木齐、玛纳斯、塔城、托里、沙湾、霍城、巩留、特克斯、哈密、和硕、和静等地。
采集加工：夏秋采收，晒干用。
化学成分：主要含黄酮类和木脂素类化合物等。
功能主治：全草：性温，味苦、辛，有小毒；祛风除湿，解痉，活血，解毒，消肿，壮筋骨，补虚损。根：用于风湿性关节炎、气虚自汗。

2 异株荨麻

学　　名： *Urtica dioica* L.
别　　名： 西藏荨麻。
来　　源： 荨麻科荨麻属植物异株荨麻 *Urtica dioica* L.。
药用部位： 根、茎和叶。
形态特征： 多年生草本，高 40～100 cm。根茎匍匐。茎直立，四棱形，分枝，通常密被短伏毛和螫毛。叶对生，卵形或卵状披针形，长 5～17 cm，宽 2～8 cm，先端渐尖，基部心形，沿缘具大的锯齿，表面有稀疏的螫毛，背面有较密的螫毛和短毛及小颗粒状的钟乳体，基出脉 3～5 条；叶柄较长，在茎中部的长达叶片的一半，有螫毛；托叶小，长圆形，离生。花单性，雌雄异株，花序圆锥状，生于上部叶腋，被有伏毛和螫毛，雌花序在果期常下垂；花被片 4，雄花被片椭圆形，外面有短毛和螫毛；雌花被外面 2 片，狭椭圆形，背面有短毛，内面 2 片花后增大，宽椭圆形，背面有短毛，通常无螫毛，宿存，长于外面花被片 2～3 倍。瘦果卵形或宽椭圆形，稍扁，长约 1.5 mm，光滑。花期 6～7 月，果期 7～8 月。
生　　境： 河谷水边，山坡林缘，阴湿的石隙中，海拔 670～2 400 m。
产　　地： 青河、哈巴河、奇台、乌鲁木齐、托里、沙湾、霍城、伊宁、尼勒克、昭苏等地。
采集加工： 夏季茎叶茂盛时割取地上全草，去杂质，切段，鲜用或晒干。
化学成分： 主要含酚性成分、三萜类化合物等。
功能主治： 祛风除湿，活血止痛，利尿，解毒，止血。用于风湿痹痛、产后抽风、小儿惊风、疝痛、各种出血、咳嗽痰多、毒蛇咬伤。

十、蓼科 Polygonaceae

1 塔里木沙拐枣

学　　名：*Calligonum roborovskii* A. Los.

别　　名：昆仑沙拐枣。

来　　源：蓼科沙拐枣属植物塔里木沙拐枣 *Calligonum roborovskii* A. Los.。

药用部位：全草。

形态特征：灌木，通常高 0.3～1.0 m（少数达 1.5 m）。老枝灰白色或淡灰色。花较疏，1～2 朵生叶腋；花梗基部具关节；花被片淡红色或近白色，果期反折。果实宽卵形或宽椭圆形，长 8～15 mm，黄色或黄褐色；瘦果长卵形，极扭转，果肋突起，沟槽深；刺每肋 2 行，较密或较疏，粗壮，坚硬，基部扩大，分离或稍连合，中部或中上部 2～3 次 2～3 分叉，末叉短，刺状。花期 5～6 月，果期 6～7 月。

生　　境：洪积扇沙砾质荒漠、砾质荒漠中的沙堆上及冲积平原和干河谷。

产　　地：和静、和硕、托克逊、库尔勒、焉耆、轮台、新和、阿克苏、巴楚、莎车、叶城、皮山、和田、于田、民丰、且末、若羌等地。

采集加工：夏秋采收，晒干用。

化学成分：主要含萜类、黄酮类和三萜类化合物等。

功能主治：性微寒，味苦。清热解毒，利尿。主治热淋尿浊、疮疖疔毒、皮肤皲裂。

2 珠芽蓼

学　　名：*Polygonum viviparum* L.
别　　名：山谷子、猴娃七、山高粱、蝎子七、剪刀七、染布子。
来　　源：蓼科蓼属植物珠芽蓼 *Polygonum viviparum* L.。
药用部位：根状茎。
形态特征：多年生草本，高 10～40 cm。根状茎短，粗糙，肥厚，有时呈钩状弯曲，紫褐色，多须根，近地面处具残存的叶柄和枯叶鞘。茎直立，具棱槽，不分枝。叶片长椭圆形或卵状披针形，少有线形，革质，先端渐尖或锐尖，基部楔形、圆形或浅心形，不下延，全缘外卷，具明显突起的脉端，两面无毛或背面被短毛；基生叶和茎下部叶具长柄，茎上部叶有短柄至无柄；托叶鞘筒状，棕色，膜质，先端斜形，无毛。总状花序呈穗状，顶生，狭圆柱形，花在上部密集，中下部较稀疏，生珠芽；珠芽为未脱离母株而能发芽的成熟瘦果，卵形；苞片卵形，膜质，淡褐色，先端急尖，内含 1 个珠芽或 1～2 朵花；花梗细，比苞片短或长；花淡红色或白色，稀红色，花被 5 深裂，裂片椭圆形。瘦果卵形，具 3 棱，深褐色，有光泽。花果期 6～9 月。
生　　境：云杉林下、森林草甸、高山和亚高山草甸、苔藓和岩石的冻土带，海拔 1 600～4 630 m。
产　　地：哈巴河、布尔津、阿勒泰、福海、富蕴、塔城、和布克赛尔、裕民、托里、温泉、沙湾、乌鲁木齐、奇台、巴里坤、霍城、察布查尔、尼勒克、巩留、昭苏、和静、吐鲁番、库车、若羌等地。
采集加工：秋季采挖，洗净晒干备用。
化学成分：主要含挥发油、黄酮、酚酸及其他类成分。
功能主治：性微寒，味苦，无毒。收敛止泻，清热解毒，活血化瘀，止血，止痛。用于腹泻、肠炎、痢疾、散瘀消肿、胃肠出血、便血、湿热胀满、咽喉肿痛、扁桃体炎、跌打损伤、外伤出血、局部溃疡。含漱可作口腔炎收敛剂。研末敷患处，治外伤出血。

3 春蓼

学　　名：*Polygonum persicaria* L.
别　　名：桃叶蓼。
来　　源：蓼科蓼属植物春蓼 *Polygonum persicaria* L.。
药用部位：地上部分。
形态特征：1年生草本，高20～80 cm。茎直立或斜升，通常从基部分枝，稀不分枝，无毛。叶披针形或狭披针形，长2～15 cm，宽0.5～2.5 cm，先端长渐尖，基部楔形，两面无毛或有疏毛，表面有或无黑褐色斑点，背面中脉和叶缘有斜生的粗硬毛；叶柄短或近无柄，被粗硬毛；托叶鞘筒状，先端截形，紧密抱茎，被长伏毛，沿缘具长1～5 mm的缘毛。总状花序穗状，顶生和腋生，长1～5 cm，宽5～8 mm，直立，多花，较密集；花序梗近无毛，有时具腺点；苞片漏斗状，先端斜形，长约1.5 mm，具稀疏的缘毛；花梗短于苞片；花被长2.5～3.0 mm，淡红色或白色，5深裂，无腺点。瘦果宽卵形，两侧扁平或一面凸起，黑色，有光泽，藏于花被内。花果期6～9月。

生　　境：河边、渠沟水边、河边沼泽、河滩林内和林缘，海拔300～1 900 m。
产　　地：乌鲁木齐、玛纳斯、石河子、塔城、托里、沙湾、博乐、温泉、伊宁、察布查尔、巩留、哈密、鄯善、托克逊、和静、焉耆、尉犁等地。
采集加工：6～9月花期采收，晒干。
化学成分：主要含蒽醌类和黄酮类化合物等。
功能主治：性温，味辛。发汗除湿，消食止泻，化浊杀虫，利尿通便。用于痢疾、泄泻、痔疮、子宫出血、便秘、蛇咬伤、创伤。外用作愈合剂止血，并使化脓的伤口易于愈合。

十一、藜科 Chenopodiaceae

1 藜

学　　名：*Chenopodium album* L.

别　　名：莱、厘、蔓华、蒙华、鹤顶草、红落藜、落藜、胭脂菜、灰藜、灰蓼头草、灰菜、灰条菜。

来　　源：藜科藜属植物藜 *Chenopodium album* L.。

药用部位：全草。

形态特征：1年生草本，高30～120（150）cm。茎直立，较粗壮，有条棱，具绿色或紫红色色条，多分枝；枝斜生或开展。叶有长叶柄；叶片变化较大，菱状卵形至宽披针形，长3～6 cm，宽1～5 cm，先端急尖或微钝，基部楔形至宽楔形。边缘常有不整齐的锯齿，上面通常无粉或嫩叶时有紫红色粉，下面多少有粉而呈灰绿色。花两性，数朵簇生，排列为腋生或顶生的穗状或圆锥花序；花被片5，背面具纵隆脊，边缘膜质；雄蕊5；柱头2。胞果包于花被内，果皮与种皮紧贴。种子横生，双凸镜状，直径1.2～1.5 mm，表面有浅沟纹，边缘钝。花果期5～10月。

生　　境：农田边、水渠边、荒地、河漫滩、洪积扇冲沟、山间河谷、山地草原、山地草甸等，海拔500～1700（2100～3000）m。

产　　地：哈巴河、富蕴、托里、精河、沙湾、石河子、玛纳斯、乌鲁木齐、米泉、伊宁、哈密及吐鲁番等地。

采集加工：6～7月采收全草，去杂质，鲜用或晒干。

化学成分：主要含挥发油、三萜类化合物等。

功能主治：性平，味甘，有小毒。清热利湿，止痒透疹。治风热感冒、痢疾、腹泻、齿痛。外用治皮肤瘙痒、麻疹不透等。

2 地肤

学　　名：*Kochia scoparia* (L.) Schrad.
别　　名：扫帚苗（地肤变形）、扫帚菜、观音菜、孔雀松。
来　　源：藜科地肤属植物地肤 *Kochia scoparia* (L.) Schrad.。
药用部位：种子。
形态特征：1年生草本，高50～100 cm，近无毛。茎直立，淡黄绿色或带紫红色，有条棱，无毛或被稀疏短柔毛；分枝斜升。叶扁平，针形或条状披针形，长2～5 cm，宽3～10 mm，通常两面有短柔毛，少无毛，边缘常有锈色缘毛。花两性或雌性，通常1～3朵生于上部叶腋；花淡绿色，无毛或先端稍有毛；翅三角形至倒卵形，或近扇形，膜质，边缘微波状或具缺刻；柱头丝状。胞果扁球形。种子卵形，黑褐色。花期6～9月，果期7～10月。

生　　境：农田边、渠边、荒地、冲积扇、林下及山地河谷等处，海拔500～1 800 m。
产　　地：博乐、精河、乌苏、奎屯、沙湾、乌鲁木齐、奇台、霍城、伊宁、察布查尔、昭苏、新源、吐鲁番、鄯善、哈密、焉耆、和静、库尔勒、轮台、且末等地。
采集加工：夏秋采收，去杂质，鲜用或晒干。
化学成分：主要含黄酮类、三萜类化合物等。
功能主治：性寒，味辛、苦，无毒。清湿热，利小便。用于小便涩痛、阴痒带下、风疹、湿疹、皮肤瘙痒、荨麻疹、膀胱炎、尿道炎。治肺热咯血、肺痨咯血、水肿、衄血、便血、外伤出血、小儿惊风、湿热黄疸、鼓胀、淋病、水肿、小儿口疮、鼻疮、水火烫伤、毒蛇咬伤。

十二、苋科 Amaranthaceae

1 青葙

- **学　　名**：*Celosia argentea* L.
- **别　　名**：野鸡冠花、鸡冠花、百日红、狗尾草。
- **来　　源**：苋科青葙属植物青葙 *Celosia argentea* L.。
- **药用部位**：茎叶、根及成熟的种子。
- **形态特征**：1年生草本，高30～100 cm，全体无毛。茎直立，有分枝，绿色或红色，具显明条纹。叶片矩圆状披针形、披针形或披针状条形，少数卵状矩圆形，长5～8 cm，宽1～3 cm，绿色常带红色，顶端急尖或渐尖，具小芒尖，基部渐狭；叶柄长2～15 mm，或无叶柄。花多数，密生，在茎顶或枝端成单一、无分枝的塔状或圆柱状穗状花序，长3～10 cm；苞片及小苞片披针形，长3～4 mm，白色，光亮，顶端渐尖、延长成细芒，具1中脉，在背部隆起；花被片矩圆状披针形，长6～10 mm，初为白色顶端带红色，或全部粉红色，后变成白色，顶端渐尖，具1中脉，在背面降起；花丝长5～6 mm，分离部分长约2.5～3.0 mm，花药紫色；子房有短柄，花柱紫色，长3～5 mm。胞果卵形，长3.0～3.5 mm，包裹在宿存花被片内。种子凸透镜状肾形，直径约1.5 mm。花期5～8月，果期6～10月。

- **生　　境**：平原、田边、丘陵、山坡，海拔约1 100 m。
- **产　　地**：新疆各地。
- **采集加工**：夏秋季采收，鲜用或晒干。
- **化学成分**：全草含草酸。种子主要含三萜类、黄酮类、环肽类等。
- **功能主治**：茎叶及根：利湿清热、杀虫、止血。治风瘙身痒、疮疥、痔疮、金疮出血。种子：具有清肝泻火，明目退翳之功效。

十三、马齿苋科 Portulacaceae

1 马齿苋

学　　名：*Portulaca oleracea* L.
别　　名：马齿菜、长命菜、长寿菜、安乐菜、马齿草、马苋、马齿菜、马齿龙芽
来　　源：马齿苋科马齿苋属植物马齿苋 *Portulaca oleracea* L.。
药用部位：全草。
形态特征：1年生肉质草本，全株光滑无毛。茎平卧或斜升，长10～25 cm，多分枝，淡绿色或红紫色。叶肥厚肉质，倒卵状楔形或匙状楔形，长6～20 mm，宽4～10 mm，先端圆钝、平截或微凹，基部宽楔形，全缘，中脉微隆起；叶柄短粗。花小，黄色，3～5朵簇生于枝顶，直径4～5 mm，无梗，总苞片4～5，叶状，近轮生；萼片2，对生盔形，左右压扁，长约4mm，先端锐尖，背部具翅状隆脊；花瓣5，倒卵状矩圆形或倒心形，顶端微凹，较萼片长；雄蕊8～12，长约12 mm，花药黄色；雌蕊1，子房半下位，1室，花柱比雄蕊稍长，顶端4～6裂，条形。蒴果圆锥形，长约5 mm，自中部横裂成帽盖状，种子多数，细小，黑色，有光泽，肾状卵圆形。花期7～8月，果期8～10月。
生　　境：田间、路旁、菜园，为常见田间杂草。
产　　地：新疆各地。
采集加工：夏、秋采收，鲜用或沸水略烫后晒干用。
化学成分：主要含生物碱、黄酮类、萜类、香豆素类、有机酸类以及多糖、挥发油等成分。
功能主治：清热解毒，散血消肿。主治热毒血痢、痈肿疗疮、湿疹、丹毒、蛇虫咬伤、便血、痔血、崩漏下血。

十四、睡莲科 Nymphaeaceae

1 莲

学　　名：*Nelumbo nucifera* Gaertn.

别　　名：荷花、菡萏、芙蓉、芙蕖、莲花、碗莲、缸莲等。

来　　源：睡莲科莲属植物莲 *Nelumbo nucifera* Gaertn.。

药用部位：根、根茎、叶、叶柄、花托、花、雄蕊、果实和种子。

形态特征：多年生水生草本。根状茎横生，肥厚，节间膨大，内有多数纵行通气孔道，节处缢缩，上生黑色鳞叶，下生须状不定根。叶圆形，盾状，直径 25～90 cm，全缘稍呈波状，上面光滑，具白粉，下面叶脉从中央射出，有 1～2 次叉状分枝；叶柄粗壮，圆柱形，长 1～2 m，中空，外面散生小刺；花梗和叶柄等长或稍长，也散生小刺；花直径 10～20 cm，美丽，芳香；花瓣红色，粉红色或白色，矩圆状椭圆形至倒卵形，长 5～10 cm，宽 3～5 cm，由外向内渐小，有时变成雄蕊，先端圆钝或微尖；花药条形，花丝细长，着生在花托之下；花柱极短，柱头顶生；花托（莲房）直径 5～10 cm。坚果椭圆形或卵形，长 1.5～2.5 cm，果皮革质，坚硬，成熟时黑褐色；种子（莲子）卵形或椭圆形，长 1.2～1.7 cm，种皮红色或白色。花期 6～8 月，果期 8～10 月。

生　　境：池塘或水田内。

产　　地：南疆。

采集加工：夏秋按需采收，生用。

化学成分：莲叶：主要含生物碱、鞣质等。莲子：主要含黄酮、鞣质等。莲心：主要含生物碱、黄酮等。莲房：主要含生物碱、黄酮和鞣质等。

功能主治：莲子：甘涩，平；健脾止泻、安神。莲子心：苦，寒；清心热、降血压。莲房：苦涩，温；收敛止血。莲须：甘涩，温；固肾涩精。荷叶、荷梗：苦，平；清暑解热，止血。莲节：苦涩，平；消瘀止血。

2 雪白睡莲

学　　名：*Nymphaea candida* C. Presl

来　　源：睡莲科睡莲属植物雪白睡莲 *Nymphaea candida* C. Presl。

药用部位：花蕾。

形态特征：多年生水生草本。根状茎直立或斜升。叶近圆形或圆卵形，长 15～30 cm，宽 10～18 cm，基部裂片邻接或重叠。花白色，直径 10～12 cm；花梗与叶柄近等长；萼片卵状长圆形，长 3～5 cm，脱落或花期后腐烂；花瓣 15～25，白色，卵状矩圆形，长 3.0～5.5 cm，外轮比萼片稍长；花托略呈四角形；内轮花丝披针形；柱头具 6～14 辐射线，深凹。浆果扁至半球；种子长 3～4 mm。花期 6 月，果期 8 月。

生　　境：湖泊、池塘、水田中。

产　　地：布尔津、博湖、温宿、阿克苏等地。

采集加工：夏秋按需采收，生用。

化学成分：主要含酚类、黄酮类等。

功能主治：降热止渴，益心护脑，安神止痛。用于感冒发热、头痛咳嗽、心悸不安、咽痛解毒。

十五、毛茛科 Ranunculaceae

1 准噶尔金莲花

学　　名：*Trollius dschungaricus* Regel
来　　源：毛茛科金莲花属植物准噶尔金莲花 *Trollius dschungaricus* Regel。
药用部位：花。
形态特征：植株全体无毛。茎高（10～）20～40 cm，疏生2～3个叶。基生叶3～7枚，有长柄；叶片轮廓五角状或三角状卵形，长2.0～4.5 cm，宽3～5 cm，基部心形，三深裂至基部1～2 mm处，深裂片多少覆压，有时近邻接，中央裂片宽椭圆形或倒卵形，上部3浅裂，边缘生不整齐齿裂，钝，侧深裂片斜倒卵形，不等2深裂，二回裂片互相多少覆压；叶柄长6～28 cm，基部具狭鞘。花通常单独顶生，有时2～3朵组成聚伞花序，直径3.0～5.4 cm；花梗长5～15 cm；萼片黄色或橙黄色，8～13枚，倒卵形或宽倒卵形，长1.5～2.0 cm，宽1.0～1.6 cm，顶端圆形，生少数小齿或全缘；花瓣比雄蕊稍短或与花丝近等长，线形，顶端圆形或带匙形，长7～8 mm，宽约1 mm；雄蕊长0.9～1.4 cm，花药长3.0～3.5 mm；心皮12～18，花柱淡黄色。蓇葖长1.0～1.2 cm，宽约2 mm，喙长约1.2 mm；种子长约1.5 mm，椭圆球形，黑色，光滑。6～8月开花，9月果实成熟。
生　　境：天山和准噶尔西部山地，海拔1 700～2 400 m林缘草地或林下。
产　　地：木垒、奇台、阜康、塔城、托里、霍城、尼勒克、巩留、和静、乌恰、卡什库尔干等地。
采集加工：夏季花盛开时采下，晾干。
化学成分：主要含黄酮类化合物等。
功能主治：清热解毒。主治呼吸道感染、急慢性咽炎和扁桃体炎、急性中耳炎等。

2 黑种草

学　　名：*Nigella damascena* L.
来　　源：毛茛科黑种草属植物黑种草 *Nigella damascena* L.。
药用部位：种子。
形态特征：植株全部无毛。茎高 25～50 cm，不分枝或上部分枝。叶为 2 至 3 回羽状复叶，末回裂片狭线形或丝形，顶端锐尖。花直径约 2.8 cm，下面有叶状总苞；萼片蓝色，卵形，顶端锐渐尖，基部有短爪；花瓣与腺毛黑种草相似，在重瓣品种与萼片形状相同；心皮通常 5，子房合生至花柱基部。蒴果椭圆球形，长约 2 cm。
生　　境：栽培。
产　　地：南疆。
采集加工：种子成熟时采收，去净杂质，晒干，备用。
化学成分：主要含油脂、挥发油、皂苷类、黄酮类、生物碱等。
功能主治：甘、辛，温。散寒、通经、活血、健脑。主治月经不调、经闭、乳少、水肿、尿路结石、头晕耳鸣、须发早白、咳喘、疥疮、白癜风。

3 肾叶白头翁

学　　名：*Pulsatilla patens* (L.) Mill.
来　　源：毛茛科白头翁属植物肾叶白头翁 *Pulsatilla patens* (L.) Mill.。
药用部位：根。
形态特征：植株高 20～40 cm，基部具残存枯叶柄。根状茎圆柱形，粗约 0.8mm。基生叶 5～7 枚，开花时开始发育，有长柄；叶片肾状五角形或近肾形，长 2.5～4.5 cm，宽 4.5～7.0 cm，基部宽心形，三全裂，中全裂片有短柄（长 1～4 mm）或近无柄，宽菱形，三深裂近基部，深裂片再不等深齿裂，末回裂片三角形或三角状披针形，顶端尖，宽 2.0～3.5 mm，侧全裂片近无柄，与中全裂片近等大，不等 2 深裂，表面近无毛，背面有白色长柔毛；叶柄近等长，长 4～10 cm，有开展的长柔毛。花葶直立，有与叶柄相同的毛；总苞钟形，长 3.5～4.5 cm，密被长柔毛，管部长 0.8～1.2 cm，掌状深裂，裂片狭披针形；花梗有长柔毛，果期长达 27 cm；花直立；萼片蓝紫色，长圆状卵形，长约 3 cm，宽约 1 cm，内面无毛，外面疏被长柔毛。聚合果直径 5 cm；瘦果近纺锤形，长约 5 mm，有柔毛，宿存花柱长 2.8～3.0 cm，有向上展的长柔毛。花期 6～7 月。
生　　境：山坡草地，海拔 1 100 m 上下。
产　　地：阿勒泰。
采集加工：春、秋季采挖，除去泥沙，干燥。
化学成分：主要含三萜皂苷类等。
功能主治：清热凉血，解毒。治热毒血痢、温疟寒热、鼻衄、血痔。

十六、牡丹科 Paeoniaceae

1　窄叶芍药

学　　名：*Paeonia hybrida* Pall.
来　　源：牡丹科芍药属植物窄叶芍药 *Paeonia hybrida* Pall.。
药用部位：根。
形态特征：多年生草本。块根纺锤形或近球形。茎高 40～80 cm，无毛。叶为一至二回三复叶，叶片轮廓宽卵形，长 5～16 cm，宽 3～8 cm；小叶成羽状分裂，裂片狭披针形至线状披针形，宽 0.2～1.0 cm，先端渐尖，全缘，上面绿色，下面淡绿色，两面均无毛。花单生茎顶，直径 5～7 cm；苞片 3，披针形至线状披针形，长 4～10 cm，宽 0.3～1.5 cm；萼片 3，宽卵形，长 1.5～2.5 cm，带红色，先端有尖头；花瓣约 9，紫红色，长圆形，长 3～4 cm，1.2～2.0 cm，先端啮蚀状；心皮 2～3（～4），密被淡黄色柔毛。蓇葖密被黄色柔毛；种子黑色。花期 5～7 月，果期 6～8 月。
生　　境：阿尔泰山，天山和准噶尔西部山地，海拔 1 100～2 000 m 针叶林下，多见于阳坡灌丛草原和低山草原坡地。
产　　地：青河、富蕴、福海、阿勒泰、布尔津、哈巴河、吉木乃、木垒、奇台、阜康、乌鲁木齐（南山）、玛纳斯、和布克赛尔、额敏、塔城、裕民、托里、沙湾、精河、博乐、温泉、霍城、察布查尔、尼勒克、新源、巩留、特克斯、昭苏、巴里坤、温宿等地。
采集加工：秋季采挖，除去根茎、须根及泥沙，晒干。
化学成分：主要含单帖苷类、酚类、鞣质、甾醇类、黄酮类等。
功能主治：活血化淤，解毒消肿，生干生热，祛寒燥湿，补脑补神，强筋补肌，活血通滞，通经通尿。用于湿寒或异常黏液质性脑部疾病、癫痫、颤抖、瘫痪、面瘫、精神病、恐惧症、脑炎、瘴症及肝阻黄疸、月经不调、小便不利。

十七、小檗科 Berberidaceae

1 喀什小檗

学　　名：*Berberis kaschgarica* Rupr.
来　　源：小檗科小檗属植物喀什小檗 *Berberis kaschgarica* Rupr.。
药用部位：根部和果实。
形态特征：落叶灌木，高 60～100 cm，分枝极多，幼枝红褐色，有枝刺下延所成之棱，老枝灰白色，枝刺三分叉，中间刺长于两侧刺，中间者长 1.5～2.8 cm，土黄色。叶革质，绿色，窄长圆状倒卵形，长 8～20 mm，宽 2.5～3.0 mm，顶端极尖，基部渐窄成不明显的柄，小者多全缘，大者边缘有少数短刺状齿牙。花单生或 2～3 朵簇生于叶腋，花梗长 1.5～2.0 mm，花梗基部有 1 枚苞片，中部有 2 枚对生苞片；萼片 6，花瓣状，长 3～4 mm，外轮萼片宽为内轮之

半，宽 1.5 mm；花瓣 6，宽椭圆形，长 4.0～4.5 mm，宽 2.5～3.0 mm，每个花瓣基部有 2 蜜腺；雄蕊 6，短于内轮花瓣，与之基部相连；雌蕊筒状，柱头盘状，花柱近无。浆果卵形，长 6～8 mm，紫黑色，被白粉。种子 3～4 枚，长圆状卵形而微曲，长 6～8 mm，黑褐色，背部圆，腹面具钝棱。花期 5～6 月。

生　　境：灌木荒漠及高寒荒漠，海拔 2 200～4 200 m。
产　　地：温泉、库车、麦盖提、乌什、阿合奇、阿克陶、喀什、乌恰、塔什库尔干、叶城、皮山、和田、策勒、于田、且末等地。
采集加工：春、秋采收，除去须根、泥沙及杂质，晒干。
化学成分：主要含有生物碱、皂苷类、酚类、有机酸、黄酮类、香豆素类、挥发油等。
功能主治：清热燥湿，泻火解毒，健肠胃。用于肠胃炎、痢疾、消化不良、口舌生疮及维生素 C 缺乏症。

2 黑果小檗

学　　名： *Berberis heteropoda* Schrenk

别　　名： 刺黄柏、兹力克伊力提子（维吾尔名）。

来　　源： 小檗科小檗属植物黑果小檗 *Berberis heteropoda* Schrenk。

药用部位： 根、根皮及茎皮。

形态特征： 常绿灌木，高 1～2 m，幼枝红褐色，有条棱，老枝灰色。刺单 1 或 3 分叉，长 1～3 cm，米黄色。叶革质，绿色，倒卵形，长（1）2～1.5 cm，宽 2～3 cm，无毛，先端圆，基部渐窄成柄，全缘或具不明显的刺状齿牙。总状花序，长 1～4 cm，花稀疏，具 3～9 花，花梗长 4～5 mm；苞片 2，披针形，微小；萼片 6～8 枚，花瓣状，宽卵形到倒卵形，长 4～7 mm，宽 3.0～4.5 mm；花瓣 6，宽倒卵形或宽椭圆形，长  5.5～6.0 mm，宽 5.0～5.5 mm，基部有蜜腺 2；雄蕊 6，短于花瓣；雌蕊筒状，柱头盘状。浆果球形或广椭圆形，直径可达 1.2 cm，紫黑色，被白粉。种子长卵形，长 5.0～5.5 mm，表面有皱纹。花期 5 月，果期 7～8 月。

生　　境： 山前灌丛及中山带的河岸两边，海拔 1 700～2 900 m。

产　　地： 布尔津、阿勒泰、富蕴、塔城、额敏、裕民、托里、温泉、博乐、精河、沙湾、乌鲁木齐、阜康、吉木萨尔、奇台、巴里坤、尼勒克、巩留、特克斯、昭苏、新源、温宿、阿克苏、阿克陶、叶城等地。

采集加工： 春、秋采收，除去须根及泥沙，切断，晒干。

化学成分： 主要含有小檗碱、小檗胺、盐酸药根碱、盐酸巴马汀、木兰花碱等多种生物碱。

功能主治： 清热燥湿，泻火解毒。用于治疗急性肠胃炎、痢疾、泌尿系统感染、口腔炎、支气管肺炎、结膜炎、痈肿疮疖等。

十八、罂粟科 Papaveraceae

1 伊犁秃疮花

学　　名：*Dicranostigma iliensis* C. Y. Wu et H. Chuang

来　　源：罂粟科秃疮花属植物伊犁秃疮花 *Dicranostigma iliensis* C. Y. Wu et H. Chuang。

药用部位：果壳。

形态特征：2年生或多年生草本，高30～50 cm。茎直立，于中部以上分枝，无毛。基生叶莲座状，长圆形到椭圆形，长5～15 cm，宽5～30 mm，柄长1～3 cm，蓝灰色而稍肉质，叶片琴状浅裂或深裂，裂片具少数大锯齿，齿端常有尖刺；茎生叶卵圆形到宽卵圆形，中部叶长4～6 cm，向上渐小，无柄抱茎，浅裂或具大锯齿，齿端常有尖刺。花大，直径2.0～3.5 cm，单生于茎顶，具长梗；花蕾长卵圆形，长3.0～3.3 cm；萼片2，卵圆形，无毛，顶端具2 mm长的长钝尖头；花瓣4，黄色；雌蕊子房柱状，柱头大，2裂，向两侧横展成三角形。蒴果长角果状，柱头大，略作弓形曲，长8.5～13.0 cm，粗3～4 mm，果瓣无毛或有少数长刺状毛，柱头平展，宽3～5 mm，无隔膜。种子多数，深褐色，肾形，长1.5～1.8 mm，种脐侧凹，沿长轴有成纵行排列的蜂窝状纹饰。花期5～6月，果期6～8月。

生　　境：荒漠带及草原带的山坡、平地与河谷，海拔800～1 400 m。

产　　地：富蕴、温泉、霍城、尼勒克、新源、乌鲁木齐、阜康、米泉等地。

采集加工：夏秋季采收，除杂质，晒干。

化学成分：主要含生物碱等。

功能主治：性凉，味酸、微苦、涩，有毒。健肺止咳，涩肠止泻，镇痛。主治久咳喘息、泻痢、便血、脱肛、遗精、带下、头痛、胃痛、痛经。

2 白屈菜

学　　名：*Chelidonium majus* L.
别　　名：地黄连、牛金花、雄黄草、山黄连、假黄连、小野人血草、观音草。
来　　源：罂粟科白屈菜属植物白屈菜 *Chelidonium majus* L.。
药用部位：全草。
形态特征：多年生草本，高30～80 cm，含棕黄色乳汁。茎直立或斜生，聚伞状分枝，无毛或偶有稀疏的细柔毛。叶具长柄，1～2回羽状分裂，裂片倒卵形，先端钝，边缘有不整齐的钝齿，表面绿色，背面被白粉，叶大小变异很大，长5～15 cm，宽3～10 cm。伞形花序，花梗细，不等长，花柄下有小苞片，长1～2 mm；萼片椭圆形，长约5 mm，无毛；花瓣倒卵形或长圆状倒卵形，长7～10 mm，宽5～7 mm，黄色；雄蕊多数，花丝细，长约4.5 mm，花药长圆形，长约1 mm；雌蕊子房柱状，花柱短，柱头头状，稍2裂。蒴果圆柱状，长2～4 cm，粗2～3 mm，无毛，成熟后由下向上开裂，胎座框常宿存。种子多数，卵形，长约1 mm，暗褐色，背侧面有网纹，腹面具土黄色鸡冠突起，种脐凹入。花期5～6月。
生　　境：山坡草甸、林缘，海拔500～2 000 m。
产　　地：布尔津、阿勒泰、塔城、额敏、博乐、伊宁、新源、精河、沙湾、石河子、玛纳斯、乌鲁齐、阜康、和静等地。
采集加工：5～7月开花时采收地上部分，晒干或鲜用。
化学成分：主要含生物碱、黄酮类、维生素C、有机酸等。
功能主治：性凉，味苦，有毒。清热解毒，解痉止痛，止咳平喘，消肿，利尿。用于胃脘疼痛、百日咳、腹痛、肠炎、痢疾、黄疸、慢性气管炎、疥癣疮肿、蛇虫咬伤、直肠癌等。

3 虞美人

学　　名：	*Papaver rhoeas* L.
别　　名：	丽春花、赛牡丹、满园春、仙女蒿、虞美人草、舞草。
来　　源：	罂粟科罂粟属植物虞美人 *Papaver rhoeas* L.。
药用部位：	花和全株。
形态特征：	1年生草本，高30～60 cm，具展开的粗毛。茎直立，分枝。叶羽状分裂，轮廓为宽卵形，长3～15 cm，裂片线状披针形，边缘有粗锯齿，少近全缘。花蕾单生，具长梗，直径约5 cm；萼片椭圆形，长约2.5 cm，绿色，外被粗糙毛；花瓣近圆形或宽卵形，先端具钝齿或缺刻，朱红色、紫红色或淡红色，有时有白色边缘，或基部有深紫色斑块；雄蕊多数，子房宽卵形，花柱极短，柱头常具10（16）个辐射状分枝。蒴果近球形，直径约1.3 cm，光滑，具多数种子，或熟时孔裂。花期6～7月。
生　　境：	公园及私人院落多有栽培。
产　　地：	新疆各地。
采集加工：	夏秋季采收，晒干。
化学成分：	主要含生物碱等。
功能主治：	镇咳，止泻，镇痛，镇定安神。可治咳嗽、支气管炎、百日咳等症。

4 野罂粟

学　　名：*Papaver nudicaule* L.
别　　名：山大烟、山罂粟、毛罂粟、野大烟、山米壳。
来　　源：罂粟科罂粟属植物野罂粟 *Papaver nudicaule* L.。
药用部位：果实、果壳或带花的全草。
形态特征：多年生草本，高 20～50 cm。于根颈处分枝，地上成密丛。叶完全基生，长 8～20 cm，宽 2.5～3.0 cm，2 回羽状裂，第 1 回深裂，第 2 回仅下部裂片为半裂，裂片窄长圆形，顶端急尖，两面被稀疏的糙毛，叶柄长 6～15 cm，扁平；上中部被毛同叶片，近基部变宽，仅具缘毛，基部宽 5 mm，近革质，宿存。花葶被糙毛，毛长 1～2 mm，淡黄褐色，于近花蕾处特密；花蕾长圆形，长 1.0～1.4 cm，被黑褐色糙毛，毛端常黄色；萼片边缘白色膜质；花冠大，直径 4～6 cm，黄色或橘黄色，花瓣长约 3 cm；雄蕊花丝细，黄色，长约 1 cm，花药矩形，长 2～3 mm。蒴果长圆形，基部稍细，遍布 1～1.5 mm 的刺状糙毛，柱头辐射枝 8 条，柱头面黑色。种子小。花期 8 月。
生　　境：森林到高山草甸，海拔 1 800～3 400 m。
产　　地：阿勒泰、哈巴河、布尔津、和布克赛尔、额敏、塔城、温泉、精河、乌鲁木齐、阜康、和硕、和静等地。
采集加工：夏秋季采收。
化学成分：主要含生物碱等。
功能主治：镇痛，止咳，定喘，止泻。用于神经性头痛、慢性肠炎、偏头痛、遗精、胃炎、胃溃疡、胃痛、咳喘、泻痢、便血、痛经、肿肛。

十九、山柑科 Capparidaceae

1 刺山柑

学　　名：*Capparis spinosa* L.

别　　名：山柑、老鼠瓜、槌果藤、野西瓜、波里克果（维吾尔名）。

来　　源：山柑科山柑属植物刺山柑 *Capparis spinosa* L.。

药用部位：叶、果和根皮。

形态特征：藤本小半灌木，根粗壮。枝条平卧，辐射状展开，长 2～3 m，无毛或被绒毛。托叶 2，变成刺状，直或弯曲，黄色。单叶互生，肉质，圆形、椭圆形或倒卵形，先端常具尖刺，无毛，上端幼叶被白色绒毛，叶柄长 4～8 mm。花大，直径 2～4 cm，单生于叶腋；萼片 4，排列成 2 轮，外轮二枚龙骨状，其中 1 枚较大；花瓣 4，白色或粉红色，其中 2 枚较大，基部相连，膨大，具白色柔毛；雄蕊多数，长于花瓣；雌蕊子房柄长 3～5 cm，花盘被基部膨大的花瓣与萼片所包被。蒴果浆果状，椭圆形，长 2～4 cm，宽 1.5～3.0 cm，无毛，果肉血红色。种子肾形，直径约 3 mm，具褐色斑点。花期 5～6 月。

生　　境：荒漠地带的戈壁、沙地、石质山坡及山麓，也见于农田附近。

产　　地：博乐、乌苏、沙湾、玛纳斯、乌鲁木齐、伊宁、哈密、吐鲁番、托克逊、库尔勒、阿克苏、阿图什、和硕、疏勒、和静、库车、温宿、拜城、乌什、阿克陶等地。

采集加工：夏秋季采收，晒干。

化学成分：主要含挥发油、硫苷类、黄酮类、生物碱等成分。

功能主治：祛风止痛，除湿散寒。主治风湿痹、牙痛、泄泻、痢疾。维医：生干生热，散气止痛，通阻强筋，清除异常黏液质，软坚消炎，利尿退肿，燥湿除斑；主治湿寒性或黏液质性疾病，如关节疼痛、坐骨神经痛、瘫痪、面瘫、筋肌松弛、淋巴结肿大、脾脏肿大、尿闭水肿、花斑癣、各种湿疹。

二十、十字花科 Cruciferae

1　芝麻菜

学　　名： *Eruca sativa* Mill.

别　　名： 芸芥（新疆）。

来　　源： 十字花科芝麻菜属植物芝麻菜 *Eruca sativa* Mill.。

药用部位： 地上部分和种子。

形态特征： 1年生草本，高 30～60 cm。茎直立，多分枝，被白色扁平的单毛。基生叶与下部茎生叶大，具柄，柄长 4～7 cm，叶片倒卵形，长 6～10 cm，宽 3～6 cm，大头羽状深裂或不裂，裂片顶端圆，全缘，有钝齿或波状缘，侧裂片向叶基渐小，条状或披针形，叶片背面脉上有时有白色扁平的单毛，叶柄向基部有睫毛；上部茎生叶渐小，柄渐短至无，倒披针状卵形，到椭圆形，锯齿缘到有 1～2 大锯齿。总状花序花时伞房状；花梗长约 3 mm；萼片椭圆形，长 8～10 mm，外轮稍窄于内轮，外轮顶端背侧成兜状，内轮基部成囊状；花瓣黄色，有紫色脉纹，瓣片倒卵状长圆形，长 8～9 mm，宽 5～8 mm，爪长约 1 cm；雄蕊 6，花丝细，分别长约 9～10 mm，花药条形，长约 3 mm，基部略叉开；侧蜜腺外侧联合，两外侧有新月形突起，与中蜜腺相连，中蜜腺短柱状，位于长雄蕊间外侧。果梗粗，长约 2～3 mm，上弯；长角果圆柱状，长约 2.0～3.5 cm，粗约 4 mm，有窄边；果瓣隆起，厚，中脉显著，网状小脉微显，两端圆形；假隔半透明，有明显的大网格脉纹；喙扁的长三角形，长约 7 mm，有纵行脉纹。种子每室 2 行，棕色，近圆形，长约 2.1 mm。花期 5～6 月。

生　　境： 草原地带的路边、山坡以及农田，海拔 200～1 200 m。

产　　地： 阿勒泰、塔城、托里、沙湾、石河子、玛纳斯、乌鲁木齐、伊宁、特克斯、巩留、昭苏、新源、和静、托克逊、吐鲁番、英吉沙、和田等地。

采集加工： 夏、秋收割，晒干。

化学成分： 硫代葡萄糖苷、胡萝卜素、维生素、黄酮类等。

功能主治： 地上部分：性微寒，味甘、平；消肿，治炭疽。种子：破坚利水，降气利肺，定喘止咳；治热病、喘急咳逆、陈旧性咳嗽、肺痈、痰饮、水肿、止血、肠虫、肾病。

2 欧洲菘蓝

学　　名： *Isatis tinctoria* L.
别　　名： 板蓝根、大青根、蓝靛、大靛。
来　　源： 十字花科菘蓝属植物欧洲菘蓝 *Isatis tinctoria* L.。
药用部位： 根、叶。以根入药药材名称为板蓝根,以叶入药药材名称为大青叶。
形态特征： 2 年生草本,高 30～90 cm,茎与基生叶背面常带紫色,被白蜡粉。茎直立,上部多分枝。基生叶及下部茎生叶长椭圆形或长圆状披针形,长 5～8 cm,宽 1.5～2.0 cm,全缘或羽状分裂,有短柄,基部扩大成鞘状;中上部茎生叶长圆状椭圆形或长圆状披针形,长 5～9 cm,宽 1～2 cm,顶端钝,基部具耳,抱茎,全缘,背面中脉及叶缘具柔毛。总状花序顶生或腋生,圆锥状,结果时显著伸长;萼片长圆形,长 2.0～2.5 mm,宽约 1 mm,花瓣匙形或宽披针形,长 4～5 cm,中上部黄色,向下呈白色。短角果倒卵状椭圆形或宽楔形,长 8～17 mm,宽 2.5～4.0 mm,顶端钝圆或截平,基部渐窄,楔形,无毛;果梗下弯,长 4～6 mm,基部细,顶端膨大,无毛。种子长圆形,长 2.5～3.0 mm,淡棕色。花期 4～5 月,果期 5～6 月。
生　　境： 药圃均有栽培。
产　　地： 新疆各地。
采集加工： 夏秋季采集,除去杂质,晒干备用。
化学成分： 主要含生物碱、硫代葡萄糖苷类、木脂素类、黄酮类等。
功能主治： 根:有清热解毒,凉血,消斑等功效。主治流感、流行性腮腺炎、乙型脑炎、肝炎、咽喉肿痛等症。叶:味咸,性寒,主治温病发热、发斑、风热感冒、咽喉肿痛、丹毒、流行性乙型脑炎、肝炎等症。

3 荠

- **学　　名**：*Capsella bursa-pastoris* (L.) Medic.
- **别　　名**：地米菜、芥、荠菜。
- **来　　源**：十字花科荠属植物荠 *Capsella bursa-pastoris* (L.) Medic.。
- **药用部位**：全草。
- **形态特征**：1 年生或越年生草本，高（6）12～46 cm，无毛、有单毛或分枝毛。茎直立或于基部分枝。基生叶多数，倒披针形或长卵状椭圆形，连柄长 1～19 cm，宽 2～40 mm，全缘或有疏牙齿、羽状浅裂、深裂或大头羽状裂；茎生叶无柄，条形或披针形，长 1.5～7.0 cm，宽 3～15 mm，顶端锐尖，基部箭形，抱茎。总状花序顶生或腋生，果期伸长，可达 25 cm；萼片卵状长圆形，长约 1.5 mm，宽约 0.7 mm，有宽的膜质边缘；花瓣白色，倒卵形，长约 2 mm，有短爪；侧蜜腺外侧近联合，内侧向长雄蕊延伸，中蜜腺无。短角果倒三角形或倒心脏形，长约 6 mm，宽约 5 mm，扁压，无毛，先端微凹，花柱长等于凹深，果瓣上具网脉；果梗长 1.0～1.2 cm。种子每室 2 行，多数，长椭圆形，长约 1 mm，宽约 0.5 mm，黄褐色。花果期 5～7 月。
- **生　　境**：平原绿洲、草原带农业区的山坡农田及其附近，海拔 100～1 200 m。
- **产　　地**：阿勒泰、托里、伊宁、新源、特克斯、巩留、昭苏、沙湾、石河子、乌鲁木齐、奇台、玛纳斯、和静等地。
- **采集加工**：夏季开花时采挖，洗净，晒干。
- **化学成分**：主要含生物碱、黄酮类、有机酸、维生素 C 等。
- **功能主治**：性甘、凉。具有和脾、利水、止血、明目的功效。用于治疗痢疾、水肿、淋病、吐血、便血、血崩、月经过多、目赤肿疼等。

二十一、蔷薇科 Rosaceae

1 白梨

学　　名：*Pyrus bretschneideri* Rehd.
别　　名：罐梨、白挂梨。
来　　源：蔷薇科梨属植物白梨 *Pyrus bretschneideri* Rehd.。
药用部位：成熟果实。
形态特征：乔木，高 5～8 m，树冠开展。小枝粗壮，嫩枝密被柔毛，以后脱落，2 年生枝紫褐色或暗褐色。叶片卵形或椭圆状卵形，长 5～11 cm，宽 3.5～6.0 cm，先端渐尖，基部宽楔形，稀圆形，边缘有刺毛状细锯齿，先端向叶合拢，幼叶被毛，成熟叶无毛；叶柄长 2.5～7.0 cm，初具毛，后脱落；托叶线状披针形，边缘具腺齿。伞房花序，花梗初具毛，后脱落；花直径 2.0～3.5 cm；萼片三角形，边缘有腺齿，外面无毛，内成密被褐色长绒毛；花瓣卵形，白色；雄蕊 20；花柱 5 或 4，与雄蕊等长，无毛。果实倒卵形、圆卵形或球形，黄色，表面有细斑点，萼片脱落。种子倒卵形，褐色。花期 4 月，果期 8～9 月。
生　　境：栽培。
产　　地：南疆地区及伊犁。驰名全国的库尔勒香梨为其优良品系之一。
采集加工：果实成熟时采收，鲜用或晒干。
化学成分：主要含有机酸、糖类等。
功能主治：性甘、微酸，凉。具有生津、止渴、润肺、宽肠、强心、利尿等作用。

2 树莓

学　　名：*Rubus idaeus* L.
别　　名：覆盆子、绒毛悬钩子。中药材名称为覆盆子。
来　　源：蔷薇科悬钩子属植物树莓 *Rubus idaeus* L.。
药用部位：未成熟果实。
形态特征：灌木，高 0.5～1.2 m。枝褐色或红褐色，幼时被短柔毛，无脱落，疏生皮刺。奇数羽状复叶，小叶 3～5，长卵形或椭圆形，长 3～8 cm，宽 1.5～4.5 cm，顶端短渐尖，基部圆形，顶生小叶基部近心形，上面无毛或生疏柔毛，下面密被灰白色绒毛，边缘有重锯齿；叶柄被柔毛及散生皮刺；托叶线形，被短柔毛。花为顶生短总状花序或伞房状圆锥花序，有时少花腋生；花梗与叶片外均被短柔毛和刺毛；萼片灰绿色，卵状披针形，有尾尖，边缘具灰白色绒毛，直立或平展；花瓣匙形或长圆形，白色，基部有宽爪；花柱基部和子房密被白色绒毛。聚合果球形，多汁，直径 1.0～1.4 cm，红色或橙黄色，密被短绒毛；核面具明显洼孔。花期 5～6 月。

生　　境：谷地灌丛及林缘，海拔 400～1 800 m。
产　　地：阿勒泰、乌鲁木齐、和布克赛尔、塔城、霍城、新源等地。
采集加工：5 月中旬至 6 月上旬，果实充分发育且呈现绿色，尚未转红成熟时采摘，除去梗、叶、花托和其他杂质，然后倒入沸水烫 2～3 分钟再捞出，随后摊晒或烘干。
化学成分：主要含花色苷、花青素、鞣花酸、树莓酮酚类、多糖、微量元素、维生素、氨基酸等。
功能主治：固精补肾，明目。治劳倦、虚劳，肝肾气虚恶寒，肾气虚逆咳嗽、痿、消瘅、泄泻、赤白浊。

3 路边青

学　　名：*Geum aleppicum* Jacq.

别　　名：草本水杨梅、兰布政、水杨梅。

来　　源：蔷薇科路边青属植物路边青 *Geum aleppicum* Jacq.。

药用部位：全草。

形态特征：多年生草本。须根簇生。茎直立，高 30～100 cm，被开展粗硬毛稀几无毛。基生叶为大头羽状复叶，通常有小叶 2～6 对，连叶柄，叶柄被粗硬毛，小叶大小极不相等，顶生小叶最大，菱状广卵形或宽扁圆形，顶端急尖或圆钝，基部宽心形至宽楔形，边缘常浅裂，有不规则粗大锯齿，锯齿急尖或圆钝，两面绿色，疏生粗硬毛；茎生叶羽状复叶，有时重复分裂，向上小叶逐渐减少，顶生小叶披针形或倒卵披针形，顶端常渐尖或短渐尖，基部楔形；茎生叶托叶大，绿色，叶状，卵形，边缘有不规则粗大锯齿。花序顶生，疏散排列，花梗被短柔毛或微硬毛；花瓣黄色，几圆形，比萼片长；萼片卵状三角形，顶端渐尖，副萼片狭小，披针形，顶端渐尖稀 2 裂，比萼片短 1 倍多，外面被短柔毛及长柔毛；花柱顶生，在上部 1/4 处扭曲，成熟后自扭曲处脱落，脱落部分下部被疏柔毛。聚合果倒卵球形，瘦果被长硬毛，花柱宿存部分无毛，顶端有小钩；果托被短硬毛。花果期 7～10 月。

生　　境：山坡草地、林缘或溪旁，海拔 1 200～2 300 m。

产　　地：和静。

采集加工：夏秋采收，切段晒干。

化学成分：主要含鞣质、挥发油、黄酮类等。

功能主治：性平，味辛、甘。清热解毒，祛风除湿，补虚益胃，消肿止痛，利尿，活血。治感冒、发热、咽喉肿痛、虚劳咳嗽、热急惊风、身体虚弱、遗精阳痿、月经不调、风湿性腰脚痛、痢疾、头痛、偏头痛等症。外敷可治跌打损伤、疔疮肿毒、痈疽发背。

第三章 被子植物门

4 森林草莓

学　　名：*Fragaria vesca* L.
别　　名：野草莓。
来　　源：蔷薇科草莓属植物森林草莓 *Fragaria vesca* L.。
药用部位：全草。
形态特征：多年生草本，高 5～20 cm。茎被开展的柔毛。3 小叶，中叶片有短柄，小叶片倒卵形、菱状圆形或椭圆形，长 1～5 cm，宽 0.6～4.0 cm，边缘有缺刻状锯齿，上面绿色，被疏柔毛，下面淡绿色，被毛或无毛；叶柄被开展的柔毛。聚伞花序，有花 2～4 朵，花梗被紧贴柔毛；萼片卵状披针形，副萼片窄针形，果期向下反折；花瓣白色，倒卵形，基部具爪。聚合瘦果，卵球形，红色，直径 1.0～1.5 cm，瘦果小形，种子 1 枚。花期 5 月，果期 6 月。
生　　境：草坡及林缘，海拔 1 400～2 200 m。
产　　地：布尔津、阿勒泰、富蕴、塔城、温泉、博乐、乌苏、昌吉、吉木萨尔、木垒、巩留、昭苏、特克斯、新源等地。
采集加工：夏秋采收，除净杂质、晒干。
化学成分：主要含花青素、黄酮、鞣质、挥发油类成分等。
功能主治：甘、酸，凉。具有清热解毒，收敛止血的功效。

5 突厥蔷薇

学　　名：*Rosa damascena* Mill.
别　　名：保加利亚玫瑰、大马士革蔷薇。
来　　源：蔷薇科蔷薇属植物突厥蔷薇 *Rosa damascena* Mill.。
药用部位：花。
形态特征：灌木，高约 1.0～1.5 m；小枝通常有粗壮钩状皮刺，有时混有刺毛；小叶通常 5，稀 7；小叶片卵形、卵状长圆形，长 2～6 cm，先端急尖，基部近圆形，边缘有单锯齿，无腺，上面无毛，下面被柔毛；小叶柄和叶轴有散生皮刺和腺毛；托叶有时为篦齿状，大部贴生于叶柄。花 6～12 朵，成伞房状排列；花梗细长，有腺毛；花直径 3～5 cm；萼筒有腺毛，萼片卵状披针形，先端长渐尖，外面有腺毛，内面密被柔毛；花瓣常粉红色；花柱分离，被毛。果梨形或倒卵球形，红色，常有刺毛。
生　　境：栽培。
产　　地：新疆各地。
采集加工：夏秋采收，自然干燥或者风干。
化学成分：主要含萜类、挥发油、黄酮类等。
功能主治：除风热湿热，缩小便，止消渴，活血调经。

6 玫瑰

学　　名：*Rosa rugosa* Thunb.
别　　名：红玫瑰、赤蔷薇、刺玫花。
来　　源：蔷薇科蔷薇属植物玫瑰 *Rosa rugosa* Thunb.。
药用部位：花蕾。
形态特征：直立灌木，高可达2 m；茎粗壮，丛生；小枝密被绒毛，并有针刺和腺毛，有直立或弯曲、淡黄色的皮刺，皮刺外被绒毛。小叶5～9，连叶柄；小叶片椭圆形或椭圆状倒卵形，先端急尖或圆钝，基部圆形或宽楔形，边缘有尖锐锯齿，上面深绿色，无毛，叶脉下陷，有褶皱，下面灰绿色，中脉突起，网脉明显，密被绒毛和腺毛，有时腺毛不明显；叶柄和叶轴密被绒毛和腺毛；托叶大部贴生于叶柄，离生部分卵形，边缘有带腺锯齿，下面被绒毛。花单生于叶腋，或数朵簇生，苞片卵形，边缘有腺毛，外被绒毛；花梗密被绒毛和腺毛；萼片卵状披针形，先端尾状渐尖，常有羽状裂片而扩展成叶状，上面有稀疏柔毛，下面密被柔毛和腺毛；花瓣倒卵形，重瓣至半重瓣，芳香，紫红色至白色；花柱离生，被毛，稍伸出萼筒口外，比雄蕊短很多。果扁球形，砖红色，肉质，平滑，萼片宿存。花期5～6月，果期8～9月。
生　　境：公园、庭院均有栽培。
产　　地：新疆各地，南疆更多。
采集加工：春末夏初花将开放时分批采收，或盛花期采集花瓣，及时低温干燥。
化学成分：主要含挥发油、鞣质、脂肪油、有机酸等。
功能主治：玫瑰花：行气解郁，和血，止痛；用于肝胃气痛、食少呕恶、月经不调、跌打损伤。玫瑰露：和中、养颜泽发；可治疗肝气犯胃、脘腹胀满疼痛、肤发枯槁等。

第三章 被子植物门

7 月季花

学　　名：*Rosa chinensis* Jacq.
别　　名：月月红、月月花、月季、斗雪红、玫瑰。
来　　源：蔷薇科蔷薇属植物月季花 *Rosa chinensis* Jacq.。
药用部位：花蕾及根。
形态特征：直立灌木，高 1～2 m；小枝粗壮，圆柱形，近无毛，有短粗的钩状皮刺或无刺。小叶 3～5，稀 7，连叶柄，小叶片宽卵形至卵状长圆形，长 2～6 cm，宽 1～3 cm，先端长渐尖或渐尖，基部近圆形或宽楔形，边缘有锐锯齿，两面近无毛，上面暗绿色，常带光泽，下面颜色较浅，顶生小叶片有柄，侧生小叶片近无柄，总叶柄较长，有散生皮刺和腺毛；托叶大部贴生于叶柄，仅顶端分离部分成耳状，边缘常有腺毛。花几朵集生，稀单生；花梗长 3～6 cm，近无毛或有散腺毛，萼片卵形，先端尾状渐尖，有时呈叶状，边缘常有羽状裂片，稀全缘，外面无毛，内面密被长柔毛；花瓣重瓣至半重瓣，红色、粉红色至白色，倒卵形，先端有凹缺，基部楔形；花柱离生，伸出萼筒口外，约与雄蕊等长。果卵球形或梨形，红色，萼片脱落。花期 4～9 月，果期 6～11 月。
生　　境：公园、庭院或室内栽培。
产　　地：新疆各地。
采集加工：花初开时采集，阴干或烘干。
化学成分：主要含挥发油、维生素 C、黄酮类、有机酸等。
功能主治：甘、温，用于活血调经、消肿止痛。

第三章 被子植物门

8 地榆

学　　名：Sanguisorba officinalis L.
别　　名：一串红、山枣子、黄爪香、玉札、山枣子、豚榆系。
来　　源：蔷薇科地榆属植物地榆 Sanguisorba officinalis L.。
药用部位：根。
形态特征：多年生草本，高20～120 cm。根粗壮，多呈纺锤形，稀圆柱形，表面棕褐色或紫褐色，有纵皱及横裂纹，横切面黄白或紫红色，较平正。茎直立，有棱，无毛或基部有稀疏腺毛。

基生叶为羽状复叶，有小叶4～6对，叶柄无毛或基部有稀疏腺毛；小叶片有短柄，卵形或长圆状卵形，顶端圆钝稀急尖，基部心形至浅心形，边缘有多数粗大圆钝稀急尖的锯齿，两面绿色，无毛；茎生叶较少，小叶片有短柄至几无柄，长圆形至长圆披针形，狭长，基部微心形至圆形，顶端急尖；基生叶托叶膜质，褐色，外面无，毛或被稀疏腺毛，茎生叶托叶大，草质，半卵形，外侧边缘有尖锐锯齿。穗状花序椭圆形，圆柱形或卵球形，直立，从花序顶端向下开放，花序梗光滑或偶有稀疏腺毛；苞片膜质，披针形，顶端渐尖至尾尖，比萼片短或近等长，背面及边缘有柔毛；萼片4枚，紫红色，椭圆形至宽卵形，背面被疏柔毛，中央微有纵棱脊，顶端常具短尖头；雄蕊4枚，花丝丝状，不扩大，与萼片近等长或稍短；子房外面无毛或基部微被毛，柱头顶端扩大，盘形，边缘具流苏状乳头。果实包藏在宿存萼筒内，外面有斗棱。花果期7～10月。
生　　境：河边灌丛、山坡草地及林缘，海拔1 400～2 800 m。
产　　地：布尔津、阿勒泰、青河、塔城、乌鲁木齐、奇台、木垒、新源等地。
采集加工：春秋采挖，洗净晒干。
化学成分：主要含鞣质、地榆皂苷、有机酸等。
功能主治：苦，微寒。清热凉血，收敛止血。用于便血、痔血、血痢、崩漏、水火烫伤、痈肿疮毒。

二十二、豆科 Leguminosae

1 合欢

学　　名：*Albizia julibrissin* Durazz.
别　　名：合欢、马缨花、绒花树、夜合合、合昏、鸟绒树、拂绒、拂缨。
来　　源：豆科合欢属植物合欢 *Albizia julibrissin* Durazz.。
药用部位：花或树皮。
形态特征：落叶乔木，高可达 16 m，树冠开展；小枝有棱角，嫩枝、花序和叶轴被绒毛或短柔毛。托叶线状披针形，较小叶小，早落。2 回羽状复叶，总叶柄近基部及最顶 1 对羽片着生处各有 1 枚腺体；羽片 4～12 对，栽培的有时达 20 对；小叶 10～30 对，线形至长圆形，长 6～12 mm，宽 1～4 mm，向上偏斜，先端有小尖头，有缘毛，有时在下面或仅中脉上有短柔毛；中脉紧靠上边缘。头状花序于枝顶排成圆锥花序；花粉红色；花萼管状，长 3 mm；花冠长 8 mm，裂片三角形，长 1.5 mm，花萼、花冠外均被短柔毛；花丝长 2.5 cm。荚果带状，长 9～15 cm，宽 1.5～2.5 cm，嫩荚有柔毛，老荚无毛。花期 6～7 月；果期 8～10 月。
生　　境：山坡或栽培。
产　　地：南疆。
采集加工：夏季花初开时采集花和花蕾，除去枝叶，晒干；夏秋采集树皮，切段晒干。
化学成分：主要含木脂素类，鞣质、维生素、黄酮类等。
功能主治：甘，平。用于安神解郁，活血止痛。

2 苦豆子

学　　　名：*Sophora alopecuroides* L.
别　　　名：苦豆根、苦豆草、苦参草、苦甘草、山豆根、西豆根等
来　　　源：豆科槐属植物苦豆子 *Sophora alopecuroides* L.。
药用部位：全草及种子。
形态特征：草本或基部木质化成亚灌木状，高约1m。枝被白色或淡灰白色长柔毛或贴伏柔毛。羽状复叶；叶柄长 1～2 cm；托叶着生于小叶柄的侧面，钻状，长约5 mm，常早落；小叶 7～13 对，对生或近互生，纸质，披针状长圆形或椭圆状长圆形，长 15～30 mm，宽约 10 mm，先端钝圆或急尖，常具小尖头，基部宽楔形或圆形，上面被疏柔毛，下面被毛较密，中脉上面常凹陷，下面隆起，侧脉不明显。总状花序顶生；花多数，密生；花梗长 3～5 mm；苞片似托叶，脱落；花萼斜钟状，5齿明显，不等大，三角状卵形；花冠白色或淡黄色；旗瓣形状多变，通常为长圆状倒披针形，长 15～20 mm，宽 3～4 mm，先端圆或微缺，或明显呈倒心形，基部渐狭或骤狭成柄；翼瓣常单侧生，稀近双侧生，长约 16 mm，卵状长圆形，具三角形耳，皱褶明显；龙骨瓣与翼瓣相似，先端明显具突尖，背部明显呈龙骨状，柄纤细，长约为瓣片的1/2，具1三角形耳，下垂；雄蕊10，花丝不同程度联合，有时近二体雄蕊，联合部分疏被极短毛；子房密被白色近贴伏柔毛，柱头圆点状，被稀少柔毛。荚果串珠状，长 8～13 cm，直；具多数种子。种子卵球形，稍扁，褐色或黄褐色。花期5～6月，果期8～10月。
生　　　境：干旱沙漠和草原边缘地带。
产　　　地：新疆各地。
采集加工：夏季采收全草，鲜用或晒干用；秋季采收种子。
化学成分：主要含生物碱等。
功能主治：全草：性寒，味苦，有毒；燥湿，止痛，杀虫；用于急性痢疾、胃痛、疮痂、湿疹、顽癣。根：清热解毒；治胃肠炎、咽喉肿痛、气管炎、肠炎、菌痢、恶性葡萄胎、绒毛膜上皮癌、黄疸、牙痛等症；外用治疮、顽癣。种子：主治胃痛、疮痢、湿疹。

3 决明

学　　名：*Senna tora* (Linnaeus) Roxburgh
别　　名：草决明、假绿豆、假花生、马蹄决明。中药材名称为决明子。
来　　源：豆科决明属植物决明 *Senna tora* (Linnaeus) Roxburgh。
药用部位：种子。
形态特征：直立、粗壮、1年生亚灌木状草本，高1～2 m。叶柄上无腺体；叶轴上每对小叶间有棒状的腺体1枚；小叶3对，膜质，倒卵形或倒卵状长椭圆形，顶端圆钝而有小尖头，基部渐狭，偏斜，上面被稀疏柔毛，下面被柔毛；小叶柄；托叶线状，被柔毛，早落。花腋生，通常2朵聚生；花梗丝状；萼片稍不等大，卵形或卵状长圆形，膜质，外面被柔毛；花瓣黄色，下面二片略长；能育雄蕊7枚，花药四方形，顶孔开裂，花丝短于花药；子房无柄，被白色柔毛。荚果纤细，近四棱形，两端渐尖，膜质；种子约25颗，菱形，光亮。花果期8～11月。

生　　境：山坡、旷野及河滩沙地上。
产　　地：和田。
采集加工：夏秋季采收，去杂质，晒干。
化学成分：含蒽醌类、萘并吡喃酮类、苷类、脂肪酸类、多糖等成分，其中主要含大黄酚和橙黄决明素。
功能主治：清肺止咳、平喘。主治高血压、头痛、眩晕、急性结膜炎、角膜溃疡、青光眼、痈疖疮疡等症。

4 紫花苜蓿

学　　名：*Medicago sativa* L.
别　　名：苜蓿、紫苜蓿、三叶草、草头。
来　　源：豆科苜蓿属植物紫花苜蓿 *Medicago sativa* L.。
药用部位：全草。
形态特征：多年生草本，高 30～100 cm。根粗壮，深入土层，根颈发达。茎直立、丛生以至平卧，四棱形，无毛或微被柔毛，枝叶茂盛。羽状三出复叶；托叶大，卵状披针形，先端锐尖，基部全缘或具 1～2 齿裂，脉纹清晰；叶柄比小叶短；小叶长卵形、倒长卵形至线状卵形，等大，或顶生小叶稍大，长 (5) 10～25 (～40) mm，宽 3～10 mm，先端钝圆，具由中脉伸出的长齿尖，基部狭窄，楔形，边缘 1/3 以上具锯齿，上面无毛，深绿色，下面被贴伏柔毛，

侧脉 8～10 对，与中脉成锐角，在近叶边处略有分叉；顶生小叶柄比侧生小叶柄略长。花序总状或头状，长 1.0～2.5 cm，具花 5～30 朵；总花梗挺直，比叶长；苞片线状锥形，比花梗长或等长；花长 6～12 mm；花梗短，长约 2 mm；萼钟形，长 3～5 mm，萼齿线状锥形，比萼筒长，被贴伏柔毛；花冠各色：淡黄、深蓝至暗紫色，花瓣均具长瓣柄，旗瓣长圆形，先端微凹，明显较翼瓣和龙骨瓣长，翼瓣较龙骨瓣稍长；子房线形，具柔毛，花柱短阔，上端细尖，柱头点状，胚珠多数。荚果螺旋状紧卷 2～4 (～6) 圈，中央无孔或近无孔，径 5～9 mm，被柔毛或渐脱落，脉纹细，不清晰，熟时棕色；有种子 10～20 粒。种子卵形，长 1.0～2.5 mm，平滑，黄色或棕色。花期 5～7 月，果期 6～8 月。
生　　境：草地草甸、草原草甸、山地和平原河谷灌丛草甸中。种植地区的上限在北疆海拔 2 000 m 左右，在昆仑山则可上升到海拔 3 000 m。
产　　地：新疆各地。
采集加工：夏秋季采收，切断、晒干。
化学成分：主要含三萜皂苷类、黄酮类、香豆素和生物碱等。
功能主治：具有清热解毒，凉血通淋，益气健脾温肾的功效。民间用于治疗膀胱结石、痔疮出血、消化不良、浮肿、黄疸等症，还具有降低胆固醇和防治冠心病作用。

5 甘草

学　　名： *Glycyrrhiza uralensis* Fisch.
别　　名： 乌拉甘草、甜草。
来　　源： 本豆科甘草属植物甘草 *Glycynhiza uralensis* Fisch.。
药用部位： 根及根茎。
形态特征： 多年生草本，高 40～120 cm。外皮红褐色或棕褐色，切面黄色，味甜，含甘草甜素；多分枝，粗糙，被褐色腺点及三角皮刺。根、根颈和根状茎粗壮。奇数羽状复叶，长 6～25 cm，小叶 5～19 cm；小叶椭圆形、长椭圆形、圆形、卵圆形和矩圆形，长 1.5～5.5 cm，宽 0.8～3.0 cm，先端钝或渐尖，具芒尖，基部圆，两面被短柔毛及黏胶性腺体，背面尤甚；叶缘全缘，稍背卷；托叶披针形，早脱落。总状花序腋生，小花排列稠密，呈头状，长为叶的 1/3～1/2，明显短于叶，密被腺点及短茸毛；小苞片披针形，被短腺毛，边缘膜质，短于花萼；小花大，长 1.0～2.5 cm；花萼钟状，5 裂齿，上 2 齿短于其他，萼筒稍膨胀；花冠紫色，中下部淡黄或白色；旗瓣长圆形或椭圆形，长 1～2 cm，宽 5～8 mm，先端钝、渐尖或微凹陷，基部具短柄，近联合；翼瓣圆形，耳小，短于旗瓣，中上部微弯；龙骨瓣长 10～14 mm，直，耳不明显，先端渐尖；子房密被腺体及刺毛，胚珠 8～11。果穗球状，荚果长圆形、线形至长椭圆形，"之"字形折叠，镰状弯曲，长（1）2～3.5 cm，宽 5～8 mm；种子间凹凸折叠，表面被褐色腺体或硬刺，密或疏，有的疏被纤毛；种子 3～11 粒。种子圆形、长圆形或肾形，绿色或褐色。
生　　境： 山坡灌丛、山谷溪边、河滩草地、轻度盐渍化草甸、垦区农田荒地、渠道边，海拔 400～1 700（2 300）m。
产　　地： 新疆各地。
采集加工： 春、秋两季采集，晒干。
化学成分： 主要含有甘草酸、甘草黄酮和甘草多糖等。
功能主治： 性平，味甘。补脾益气，止咳化痰，清热解毒，缓急定痛，调和药性。用于咽喉肿痛、咳嗽气短、肝炎、脾胃虚弱、胃及十二指肠溃疡、中气不足、痈疽疮毒、腹中痉挛作痛等治疗。亦可缓和药物烈性、解药毒，治疗风疹疮毒、黄疸肝疾、外伤出血等。

6 光果甘草

学　　名：*Glycyrrhiza glabra* L.

别　　名：洋甘草、欧亚甘草、欧甘草。

来　　源：豆科甘草属植物光果甘草 *Glycyrrhiza glabra* L.。

药用部位：根及根茎。

形态特征：多年生草本，高 60～200 cm。外皮灰褐色，切面黄色，味甜，含甘草甜素。根、根状茎粗壮。茎直立，上部多分枝，基部木质化，密被鳞片状腺体、三角皮刺及短柄腺体，幼时为黏胶状，夏秋为粗糙短刺，表皮常为红色。奇数羽状复叶，长 8～20 cm，小叶 11～23；托叶钻形或线状披针形，早落；小叶披针形、长圆形至长椭圆形或长卵圆形，长 1.5～5.0 cm，宽 1.0～2.5 cm，被短绒毛及具柄腺体，背面沿脉尤甚，先端钝圆，微凹具芒尖，基部近圆形。总状花序腋生，短于或长于叶，花多排列较稠密，长 7～21 cm，花序轴密被短茸毛和腺毛；小苞片卵圆形，外被腺毛；花长 0.8～1.4 cm；花冠紫色或白紫色；花萼钟状，长 5～7 mm，5 裂齿，上 2 齿短于其他齿，裂齿狭披针形，与萼筒等长，被短茸毛及短腺毛；旗瓣长 8～12 mm，卵圆形或椭圆形，先端尖或短尖，具爪，短柄状；翼瓣长 7～10 mm，先端钝尖，耳短，爪丝状；龙骨瓣先端短尖，短于翼瓣，爪丝状；子房光滑或被无柄腺体，胚珠 4～9。荚果长圆形，长 2.0～3.7 cm，宽 4～7 mm，直或微弯，光滑或被腺体，密或疏；种子（1）3～8 粒。种子肾形或圆形，长 2～3 mm，绿色或暗绿色。

生　　境：河滩阶台地、河岸胡杨林缘、河岸芦苇滩、绿洲垦区农田地头、路边、荒地，海拔 350～1 100 m。

产　　地：博乐、精河、沙湾、石河子、玛纳斯、伊吾、霍城、伊犁、察布查尔、巩留、巩乃斯、焉耆、阿克苏、阿拉尔、阿瓦提、巴楚、喀什、疏勒和莎车等地。

采集加工：春、秋两季采集，晒干。

化学成分：主要含有甘草酸、甘草黄酮和甘草多糖等。

功能主治：清热解毒，缓急定痛，补脾益气，祛痰止咳，调和药性。用于脾胃虚弱、倦怠无力、心悸气短、咳嗽多痰、四肢痉挛急痛、痈肿疮毒。

第三章 被子植物门

7 胀果甘草

学　　　名：*Glycyrrhiza inflata* Batal.

别　　　名：欧甘草。

来　　　源：豆科甘草属植物胀果甘草 *Glycyrrhiza inflata* Batal.。

药用部位：根及根茎。

形态特征：多年生草本，高 60～180 cm。外皮灰褐色，切面橙黄色，味甜，含甘草甜素。根、根状茎与根颈粗壮。茎直立，多分枝，被无柄腺体和三角形皮刺。奇数羽状复叶，长 10～20 cm；托叶 2，披针形或三角形，早脱落；小叶（3）5～7（9），长圆形至卵圆形，先端钝或锐尖，基部圆形，长 3～4 cm，宽 1～3 cm，全缘，明显波状皱褶，两面密被黏性鳞片腺体或短柄腺体，背面尤甚。总状花序腋生，花排列疏散，长于或等长于叶；小苞片披针形，被腺毛，幼时红色；花萼长 5～8 mm，5 裂齿，上 2 齿基部联合，短于其他，被腺毛；花冠紫色，基部白色；旗瓣长圆形或卵圆形，长 6～13 mm，先端圆，基部具短爪；翼瓣短于或近等长于旗瓣，爪丝状；龙骨瓣联合，短于翼瓣，爪与耳短；子房被腺体，胚珠 4～9。荚果成熟后膨胀为椭圆形，直或微弯，长 1.5～3.0 cm，长宽比 2.5∶1，宽厚比 1∶1；种子（1）2～9 粒。种子肾形，长 2～3 mm，绿色或浅褐色。

生　　　境：荒漠沙丘底部、干旱古河道胡杨林下、河岸林缘、盐渍化河滩湿地、淤积平原、垦区盐碱弃耕地、农田、渠边等，海拔 150～1 600 m。

产　　　地：青河、伊吾、哈密、鄯善、吐鲁番、托克逊、和硕、和静、焉耆、博湖、库尔勒、尉犁、阿图什、阿克陶、库车、新和、沙雅、阿克苏、阿拉尔、阿瓦提、巴楚、喀什、英吉沙、莎车、若羌、且末、民丰、于田、策勒、和田、墨玉等地。

采集加工：春、秋两季采集，晒干。

化学成分：主要含有甘草酸、甘草黄酮和甘草多糖等。

功能主治：清热解毒，祛痰止咳，补脾益气，缓急止痛，健脾益胃，调和药性，清浊胆汁。用于风疹疮热、脾虚微热、胃肠挛痛、咳嗽、黄疸肝炎。

8 骆驼刺

学　　名： *Alhagi sparsifolia* Shap.

别　　名： 刺蜜、羊刺蜜、草蜜、给勃罗、骆驼刺糖、阳塔克西克尔（维吾尔名）、合兰儿别勒（维吾尔名）。

来　　源： 豆科骆驼刺属植物骆驼刺 *Alhagi sparsifolia* Shap.。

药用部位： 地上部分和种子。

形态特征： 半灌木，高 25～50（80）cm。茎直立，从基部开始分枝，枝条平行上升，具细条纹，无毛或幼茎具短柔毛。叶互生，卵形、倒卵形或倒圆卵形，长 8～18 mm，宽 5～12 mm，全缘，无毛，具短柄。总状花序腋生，花序轴变成坚硬的锐刺，刺长为叶的 2～3 倍，无毛；当年生枝条的刺上具花 3～6（8）朵，老茎的刺上无花；花长 8～10 mm；苞片钻状；长约 1 mm；花梗长 1～3 mm；花萼钟状，被短柔毛，长 4～5 mm，萼齿三角状或钻状三角形，长为萼筒的 1/3～1/4；花冠深紫红色；旗瓣倒长卵形，长 8～9 mm，先端钝圆或截平，具短瓣柄；翼瓣长圆形，长为旗瓣的 3/4；龙骨瓣与旗瓣约等长；子房线形，无毛。荚果线形，几无毛。

生　　境： 荒漠沙地、河岸、农田边及低湿地。

产　　地： 新疆各地。

采集加工： 夏季采收，除去杂质、晒干。

化学成分： 含多糖、生物碱、鞣质、维生素 C 等。

功能主治： 刺糖：是从骆驼刺叶上分泌出来的黄白色发黏的糖，无毒。用于治疗腹痛、腹泻、肠炎、痢疾、头晕等症。种子：具清热解毒，消肿止痛之功；治胃病。

二十三、牻牛儿苗科 Geraniaceae

1 草原老鹳草

学　　名： *Geranium pratense* L.
别　　名： 草甸老鹳草、草地老鹳草。
来　　源： 牻牛儿苗科老鹳草属植物草原老鹳草 *Geranium pratense* L.。
药用部位： 全草。
形态特征： 多年生草本。根状茎短，被棕色鳞片状托叶；具多数肉质粗根。茎直立，高 20～100 cm，下部被倒生伏毛及腺毛，上部被密长腺毛。单叶对生，肾状圆形，掌状 7～9 深裂，裂片菱状卵形，上部再羽状分裂或羽状缺刻，顶部叶常 3～5 深裂，两面均被短伏毛，而下面沿脉较密；基生叶多数，具长柄；茎生叶少数，柄较短；顶生叶无柄；托叶狭披针形，淡棕色。顶生花序通常具 2 朵花，花梗果期弯曲或倾斜，花序轴及花梗均被短柔毛和腺毛；萼片狭卵形，具 3 脉，顶端具短芒，芒长 1.0～1.5 mm，绿色，略带紫色，密被短毛和腺毛；花瓣蓝紫色，宽倒卵形；花丝黄色，基部扩大部分具毛；花柱部分合生，花柱具分枝。蒴果具短柔毛和腺毛。
生　　境： 草原、灌丛及林缘，海波 1 400～3 100 m。
产　　地： 富蕴、塔城、奇台、沙湾、霍城、伊宁、新源、巩留、哈密、鄯善、和静、阿克陶等地。
采集加工： 秋季果实将成熟时采收，捆成把，晒干。
化学成分： 主要含鞣质、挥发油等。
功能主治： 全草：祛风湿，强筋骨，活血通络，清热止泻；用于风湿痹痛、四肢麻木、血瘀、急性痢疾、咯血、痔出血、腹泻。根：主治瘟病时疫、肺热病、脉热病、中毒病、水肿。

二十四、骆驼蓬科 Peganaceae

1　骆驼蓬

学　　名：*Peganum harmala* L.
别　　名：臭蒿子、老哇瓜、苦苦菜、骆驼蒿、臭牡丹、臭草、臭古朵、沙蓬豆豆、阿地热斯忙（维吾尔名）。
来　　源：骆驼蓬科骆驼蓬属植物骆驼蓬 *Peganum harmala* L.。
药用部位：全草及种子。

形态特征：多年生草本，高 30～80 cm。根多数，无毛，由基部多分枝。叶互生，长 3～6 cm，宽 3～5 mm，全裂为 3～5 条形或条状披针形裂片；托叶小，成对，披针形。花单生，与叶对生；萼片 5，裂片条形，长 1.5～2.0 cm，有时顶端分裂；花瓣黄白色或淡白色，椭圆形或矩圆形，顶端钝，长 1.5～2.0 cm，宽 6～8 mm；雄蕊 15，短于花瓣，花丝近基部扩展；子房 3 室，花柱 3。蒴果近球形，顶端稍扁，宽 1 cm；种子多数。种子黑褐色，三棱形，有小疣状突起。花期 5～6 月，果期 7～8 月。

生　　境：荒漠地带干旱草地、绿洲边缘及盐碱化荒地，海拔 530～1 700 m。
产　　地：布尔津、阿勒泰、福海、塔城、和布克赛尔、精河、乌苏、沙湾、玛纳斯、昌吉、乌鲁木齐、奇台、木垒、巴里坤、和静、吐鲁番、哈密、轮台、阿图什、塔什库尔干等地。
采集加工：夏、秋割取全草，鲜用或切段晒干，种子在成熟时采收。
化学成分：主要含生物碱、挥发油、脂肪油等。
功能主治：全草：止咳平喘，祛风湿，消肿毒；主咳嗽气喘、风湿痹痛、无名肿毒、皮肤瘙痒。种子：祛风止痛，肥体壮阳，强筋补神，镇咳平喘，温身通窍；用于湿寒性或黏液质性疾病、关节骨痛、体瘦阳痿、瘫痪面瘫、咳嗽气喘、精神郁闷、健忘；亦可治咳嗽、小便不利、四肢麻木、关节酸痛等症。

二十五、蒺藜科 Zygophyllaceae

1 蒺藜

学　　名：*Tribulus terrestris* L.
别　　名：白蒺藜、刺蒺藜、三角刺。
来　　源：蒺藜科蒺藜属植物蒺藜 *Tribulus terrestris* L.。
药用部位：成熟果实。
形态特征：1年生草本。茎由基部分枝，平卧，深绿色至淡褐色，长可达1 m左右，全株被绢状柔毛。偶数羽状复叶，长1.5～5.0 cm；小叶5～7对，对生，矩圆形，长6～15 mm，宽2～5 mm，顶端锐尖或钝，基部稍偏斜，全缘，上面深绿色，较平滑，下面色略淡，被毛较密。花小，黄色，单生叶腋；萼片5，宿存；花瓣5，倒卵形，长约7 mm；雄蕊10，生于花盘基部，有鳞片状腺体；子房卵形，花柱单一，短而膨大，柱头5，下延。果由5个分果瓣组成，有长短棘刺各1对，背面有短硬毛及瘤状突起。花期4～5月，果期6～7月。
生　　境：荒地、山坡、路旁、田间、居民点附近，在荒漠区亦见于石质残丘坡地、白刺堆间沙地及干河床边，海拔500～1 667 m。
产　　地：布尔津、乌苏、玛纳斯、呼图壁、乌鲁木齐、阜康、奇台、巴里坤、伊吾、哈密、库尔勒、焉耆、库车、英吉沙、叶城、于田等地。
采集加工：果实成熟时，割取全株，晒干，打下果实，除去杂质。
化学成分：含甾体皂苷，另含蒺藜苷、山奈酚-3-芸香糖苷、紫云英苷、哈尔满碱等。
功能主治：平肝解郁，活血祛风，明目，止痒。用于头痛眩晕、胸胁胀痛、乳闭乳痈、目赤翳障、风疹瘙痒。

二十六、芸香科 Rutaceae

1 芸香

学　　名：*Ruta graveolens* L.

别　　名：臭草、香草、百应草、小叶香。

来　　源：芸香科芸香属植物芸香 *Ruta graveolens* L.。

药用部位：全草。

形态特征：落地栽种之植株高达 1 m，各部有浓烈特殊气味。叶 2～3 回羽状复叶，长 6～12 cm，末回小羽裂片短匙形或狭长圆形，长 5～30 mm，宽 2～5 mm，灰绿或带蓝绿色。花金黄色，花径约 2 cm；萼片 4 片；花瓣 4 片；雄蕊 8 枚，花初开放时与花瓣对生的 4 枚贴附于花瓣上，与萼片对生的另 4 枚斜展且外露，较长，花盛开时全部并列一起，挺直且等长，花柱短，子房通常 4 室，每室有胚珠多颗。果长 6～10 mm，由顶端开裂至中部，果皮有凸起的油点；种子甚多，肾形，长约 1.5 mm，褐黑色。花期 3～6 月及冬季末期，果期 7～9 月。

生　　境：多庭院、农田栽培。

产　　地：南疆。

采集加工：夏秋采收，晒干。

化学成分：主要含挥发油、生物碱和香豆素等。

功能主治：全草：清热解毒，凉血散瘀。治感冒发热、风火牙痛、头痛，跌打扭伤，又治小儿急性支气管炎和支气管黏膜炎。种子为镇痉剂及驱虫剂（蛔虫）。

二十七、大戟科 Euphorbiaceae

1　地锦

学　　名： *Euphorbia humifusa* Willd. ex Schecht.
别　　名： 地锦草、铺地锦、田代氏大戟。
来　　源： 大戟科大戟属植物地锦 *Euphorbia humifusa* Willd. ex Schecht.。
药用部位： 全草。
形态特征： 1年生草本，植株匍匐。根纤细，直径2～3 mm。茎细，长5～20（23）cm，二歧分枝，枝多，常带紫红色，无毛。叶对生，椭圆形，稀倒卵形，长5～10 mm，宽3～6 mm，顶端圆钝，基部偏斜（即两侧不等，一侧半圆形，一侧楔形），通常中部以上沿缘有细锯齿，两面无毛，有时背面被疏柔毛，有短柄；托叶小，钻形，沿缘具齿或羽状分裂。杯状花序单生于叶腋，上部因茎节间短缩而彼此靠近；花序梗短，长1～3 mm；总苞陀螺状，长约1 mm，沿边缘4浅裂，裂片三角形具齿；腺体4，长圆形或椭圆形，具白色花瓣状的附属物，按宽度与腺体相等；花柱3，长0.5～1.0 mm，先端2深裂。蒴果三棱状球形，直径约2 mm，分裂果瓣背面钝龙骨状突起，无毛。种子卵形，长约1 mm，略具3棱，褐色有白粉，无种阜。花果期6～9月。

生　　境： 山间谷地、砾石山坡、荒地、路旁沙地等。
产　　地： 新疆各地。
采集加工： 夏、秋收割，晒干。
化学成分： 主要含黄酮类、有机酸、香豆素等。
功能主治： 清热解毒，活血止血，利湿通乳。用于痢疾、泄泻、内外伤出血、功能性子宫出血、吐血、便血、咯血、肠炎、崩漏、疮疖痈肿、湿热黄疸、乳汁不下、皮肤瘙痒、目赤肿痛、热症头痛。外用治下肢溃疡、皮肤湿疹、烧烫伤、跌打肿痛、毒蛇咬伤等。

2 准噶尔大戟

学　　名：*Euphorbia soongarica* Boiss.
来　　源：大戟科大戟属植物准噶尔大戟 *Euphorbia soongarica* Boiss.。
药用部位：根。
形态特征：多年生草本，高 50～100 cm。根较粗，圆柱形，斜升，多头。茎少数或多数，丛生，直立，有纵棱，无毛，分枝，上部具花序梗，下部具不育枝。叶互生，倒披针形或披针形，长 2～11 cm，宽 5～20 mm，先端渐尖或急尖，基部楔形，叶缘上部具细锯齿，近无柄；不育枝上的叶线状披针形，较茎上叶窄小；苞叶数片，轮生，长圆状披针形，长 1～3 cm，宽 4～10 mm，近全缘，无柄；小苞叶 2，对生或轮生，椭圆状倒卵形或圆状卵形，长 4～10 mm，宽 2～8 mm，淡黄色。杯状花序顶生，在茎端具 5～11 伞梗的复伞形花序，每 1 伞梗同单生于叶腋的花序梗一样，2 回具 3 小伞梗，再 2 裂；总苞钟状，直径 2.0～2.5 mm，外面无毛，里面有毛，沿边缘 5 裂，裂片小，圆形有缘毛；腺体 5，椭圆形，无角，淡褐色；花柱 3，长 1.0～2.5 mm，中部以下合生，先端 2 裂。蒴果卵形，压扁，直径 4～5 mm，有 3 浅沟，每 1 开裂果瓣背面开始整个被小疣点，以后仅有稀疏的疣点。种子卵形，长约 3 mm，光滑无毛，褐色，具盘状突起无柄的种阜。花果期 6～8 月。
生　　境：潮湿的盐碱洼地、撂荒地以及河谷岸边，海拔 500～2 000 m。
产　　地：塔城、托里、乌苏、沙湾、石河子、乌鲁木齐、奇台等地。
采集加工：春季未发芽前，或秋季茎叶枯萎时采挖，除去残茎及须根，洗净晒干。
化学成分：主要含三萜类、甾醇类及酚性成分。
功能主治：具逐水、消肿、散瘀作用，有毒。治水肿胀满、痰饮、瘰疬、痈疽肿毒。

二十八、凤仙花科 Balsaminaceae

1 凤仙花

学　　名：*Impatiens balsamina* L.
别　　名：指甲花、急性子、凤仙透骨草。
来　　源：凤仙花科凤仙花属植物凤仙花 *Impatiens balsamina* L.。
药用部位：全草、花、种子。
形态特征：1 年生草本，高 40～100 cm。茎粗壮，肉质，直立，不分枝或有分枝，无毛或幼时被疏柔毛，基部直径可达 8 mm，具多数纤维状根，下部节常膨大。叶互生，最下部叶有时对生；叶片披针形、狭椭圆形或倒披针形，长 4～12 cm、宽 1.5～3.0 cm，先端尖或渐尖，基部楔形，边缘有锐锯齿，向基部常有数对无柄的黑色腺体，两面无毛或被疏柔毛，侧脉 4～7 对；叶柄长 1～3 cm，上面有浅沟，两侧具数对具柄的腺体。花单生或 2～3 朵簇生于叶腋，无总花梗，白色、粉红色或紫色，单瓣或重瓣；花梗长 2.0～2.5 cm，密被柔毛；苞片线形，位于花梗的基部；侧生萼片 2，卵形或卵状披针形，长 2～3 mm，唇瓣深舟状，长 13～19 mm，宽 4～8 mm，被柔毛，基部急尖成长 1.0～2.5 cm 内弯的距；旗瓣圆形，兜状，先端微凹，背面中肋具狭龙骨状突起，顶端具小尖，翼瓣具短柄，长 23～35 mm，2 裂，下部裂片小，倒卵状长圆形，上部裂片近圆形，先端 2 浅裂，外缘近基部具小耳；雄蕊 5，花丝线形，花药卵球形，顶端钝；子房纺锤形，密被柔毛。蒴果宽纺锤形，长 10～20 mm；两端尖，密被柔毛。种子多数，圆球形，直径 1.5～3.0 mm，黑褐色。花期 7～10 月。
生　　境：多庭院栽培。
产　　地：新疆各地。
采集加工：夏季采全草，鲜用或干用。花，阴干用。种子，于成熟期采集。
化学成分：主要含生物碱、有机酸、挥发油等。
功能主治：降气行瘀，消肿解毒，祛风湿，活血通经。

二十九、鼠李科 Rhamnaceae

1 枣

学　　名：*Ziziphus jujuba* Mill.
别　　名：枣树、枣子、大枣、红枣树、刺枣、枣子树、贯枣、老鼠屎。
来　　源：鼠李科枣属植物枣 *Ziziphus jujuba* Mill.。
药用部位：成熟果实。中药以枣仁入药。
形态特征：落叶小乔木，稀灌木，高达 10 余米；树皮褐色或灰褐色；有长枝、短枝和无芽小枝（即新枝）比长枝光滑，紫红色或灰褐色，呈之字形曲折，具 2 个托叶刺，长刺可达 3 cm，粗直，短刺下弯，长 4～6 mm；短枝短粗，矩状，自老枝发出；当年生小枝绿色，下垂，单生或 2～7 个簇生于短枝上。叶纸质，卵形、卵状椭圆形，或卵状矩圆形；长 3～7 cm，宽 1.5～4.0 cm，顶端钝或圆形，稀锐尖，具小尖头，基部稍不对称，近圆形，边缘具圆齿状锯齿，上面深绿色，无毛，下面浅绿色，  无毛或仅沿脉多少被疏微毛，基生三出脉；叶柄长 1～6 mm，或在长枝上的可达 1 cm，无毛或有疏微毛；托叶刺纤细，后期常脱落。花黄绿色，两性，5 基数，无毛，具短总花梗，单生或 2～8 个密集成腋生聚伞花序；花梗长 2～3 mm；萼片卵状三角形；花瓣倒卵圆形，基部有爪，与雄蕊等长；花盘厚，肉质，圆形，5 裂；子房下部藏于花盘内，与花盘合生，2 室，每室有 1 胚珠，花柱 2 半裂。核果矩圆形或长卵圆形，长 2.0～3.5 cm，直径 1.5～2.0 cm，成熟时红色，后变红紫色，中果皮肉质，厚，味甜，核顶端锐尖，基部锐尖或钝，2 室，具 1 或 2 种子，果梗长 2～5 mm；种子扁椭圆形，长约 1 cm，宽 8 mm。花期 5～7 月，果期 8～9 月。
生　　境：低山河谷，海拔 270～1 700 m。
产　　地：玛纳斯、吐鲁番、鄯善、库车、喀什、策勒、皮山等县市有栽培。
采集加工：果实秋季成熟时采收，晒干；树皮四季可采，鲜用或切碎，晒干备用。
化学成分：主要含三萜类、黄酮类、生物碱等，还含有丰富的维生素 C、P。
功能主治：补中益气，养血安神。用于脾胃虚弱，体虚乏力等病症。

三十、锦葵科 Malvaceae

1 锦葵

学　　名：*Malva sinensis* Cavan.
别　　名：棋盘花、气花、淑、小白淑气花、金钱紫花葵、小钱花、钱葵、荆葵。
来　　源：锦葵科锦葵属植物锦葵 *Malva sinensis* Cavan.。
药用部位：花、叶、茎。
形态特征：2年生或多年生直立草本，高50～90 cm，多分枝，被稀疏粗毛。叶心形或肾形，具5～7圆齿状钝裂片，基部心形至圆形，边缘具圆锯齿，两面均无毛或仅叶脉被疏短糙毛；托叶卵形，具锯齿，先端渐尖。花3～11朵簇生于叶腋，花梗长1～2 cm，无毛或被疏毛；小苞片3，长圆形，长3～4 mm，宽1～2 mm，先端圆形，被疏柔毛；花萼杯状，萼裂片5，宽三角形，两面均被星状疏柔毛；花紫红色或白色，直径3.5～4.0 cm，花瓣5，匙形，长2 cm，先端微缺，爪具髯毛；雄蕊柱长8～10 mm，被刺毛；花柱分枝9～11，被细毛。果扁圆形，直径5～7 mm，分果瓣9～11，肾形，被疏柔毛。种子黑褐色，肾形。花果期5～10月。

生　　境：庭院栽培。
产　　地：阿勒泰、乌鲁木齐、精河、鄯善等地。
采集加工：夏秋采集，除去杂质，晒干。
化学成分：紫色花含锦葵花甙。
功能主治：清热利湿，理气通便。主治大小便不畅、淋巴结结核、带下、脐腹痛。

2 蜀葵

学　　名：*Althaea rosea* (L.) Cavan.
别　　名：淑气花、一丈红、麻杆花、棋盘花、栽秧花、斗蓬花、阿克来依里（维吾尔名）。
来　　源：锦葵科蜀葵属植物蜀葵 *Althaea rosea* (L.) Cavan.。
药用部位：全草。为维吾尔医学常用药材。
形态特征：2 年生高大草本，高 2.0～2.5 m。茎直立，不分枝，茎及枝密被星状簇毛或刚毛。叶互生，近圆心形，直径 6～16 cm，掌状 5～7 浅裂或微波状，裂片三角形或圆形，中裂片长约 3 cm，宽 4～6 cm，两面均被星状毛和长硬毛；叶柄长 5～15 cm，被星状长硬毛；托叶卵形，长约 8 mm。花生叶腋，通常单生并排列成总状花序，具叶状苞片，花梗被星状毛和长硬毛；总苞杯状，常 6～7 裂，裂片卵状披针形，长 8～10 mm，密被星状粗硬毛，基部合生；花萼钟状，5 齿裂，裂片卵状三角形，长 1.0～1.5 cm，密被星状粗硬毛；花大型，直径 5～10 cm，颜色多种，有红、紫、白、粉红、黄和黑紫色等，单瓣或重瓣，花瓣倒卵状三角形，长约 4 cm，爪被长髯毛；雄蕊柱长 2 cm，无毛，花丝纤细；花柱多分枝，被细柔毛；子房多数，每室胚珠 1。果盘状，直径约 2 cm，被短柔毛，分果瓣近圆形，多数，背部具纵槽。花果期 5～9 月。
生　　境：庭院和居民区均有栽培。
产　　地：玛纳斯、乌鲁木齐、奇台、鄯善等地。
采集加工：晒干花盛开时采摘，阴干；根秋季采挖，洗净，鲜用或切片。
化学成分：主要含黄酮类、生物碱类、酚酸类等。
功能主治：花：和血止血，解毒散结；主治吐血、衄血、月经过多、赤白带下、二便不通、小儿风疹、疟疾、痈疖痈肿、蜂蝎螫伤、烫伤、火伤。根：清热利湿，凉血止血，解毒排脓；主治淋症、带下、痢疾、吐血、血崩、外伤出血、疮疡肿毒、烫伤烧伤。种子：利尿通淋，解毒排脓，润肠；主治水肿、淋症、带下、乳汁不通、疮疥、无名肿毒。

3 药蜀葵

学　　名：*Althaea officinalis* L.
来　　源：锦葵科蜀葵属植物药蜀葵 *Althaea officinalis* L.。
药用部位：根。
形态特征：多年生草本，株高 1 m 左右，密被星状长糙毛。叶互生，卵圆形或心形，3 裂或不分裂，长 3～8 cm，宽 1.5～6.0 cm，基部近心形至圆形，边缘具圆锯齿，两面密被星状绒毛；托叶条形或披针形，通常 3 裂。花簇生叶腋，形成总状花序；小苞片通常 9，披针形，长 4 mm，密被星状糙毛；杯状萼 5 裂，裂片披针形，比小苞片长，亦被密集星状糙毛，果期宿存并包被果实；花冠通常淡红色，直径约 2.5 cm，花瓣 5，倒卵状长圆形，先端微凹，基部渐窄成短爪，爪部具缘毛；雄蕊柱长 8 mm；心皮多数。果直径 8 mm 左右，外面包被宿存花萼，分果瓣 15～25，圆肾形，背部密被分枝毛，两侧无毛，有腺点。种子肾形，长约 2 mm，褐色。花果期 7～8 月。

生　　境：河渠岸边、河漫滩、田边、撂荒地及低湿处盐化草甸。
产　　地：阿勒泰、哈巴河、奇台、乌鲁木齐、呼图壁、玛纳斯、塔城、沙湾、精河、博乐、伊宁、巩留、新源、鄯善、吐鲁番等地。
采集加工：春、秋季采挖，洗净，切片、晒干。
化学成分：主要含果胶质、糖类等。
功能主治：解表散寒，利尿，止咳，消炎解毒。为镇咳用药。

4 苘麻

学　　名：*Abutilon theophrasti* Medic.
别　　名：苘、车轮草、磨盘草、桐麻、白麻、青麻、孔麻、塘麻、椿麻、苘麻。种子作药用称"冬葵子"。
来　　源：锦葵科苘麻属植物苘麻 *Abutilon theophrasti* Medic.。
药用部位：种子或者全草。
形态特征：1年生亚灌木状草本，株高 1～2 m，茎枝被柔毛。叶互生，圆心形，长 5～12 cm，宽 4～11 cm，先端长渐尖，基部心形，边缘具细圆锯齿，两面均密被星状柔毛；叶柄长 3～12 cm，被星状细柔毛；托叶早落。花单生于叶腋，或有时排成近总状花序，花梗长 1～13 cm，被柔毛，近顶端具节；花萼杯状，密被短绒毛，裂片 5，裂片卵状披针形，长约 6mm；花黄色，花瓣倒卵形，长约 1 cm；雄蕊柱平滑无毛，心皮 15～20，长 1.0～1.5 cm，顶端平截，具扩展、被毛的长芒 2，排列成轮状，密被软毛。蒴果半球形，直径约 2 cm，长约 1.2 cm，分果瓣 15～20，被星状毛和长硬毛，顶端具长芒 2；种子肾形，黑褐色，被星状短柔毛。花期 7～8 月。
生　　境：绿洲地带田边、路旁、沟边及河岸等。
产　　地：石河子、乌鲁木齐、察布查尔、托克逊、吐鲁番、鄯善、阿图什、和田等地。
采集加工：夏秋采集，除去杂质，晒干。
化学成分：叶含芸香甙；种子含脂肪油、蛋白质等。
功能主治：利尿剂，并有通乳汁、消乳腺炎、助顺产等功效。

三十一、藤黄科 Guttiferae

1 贯叶连翘

学　　名：*Hypericum perforatum* L.
别　　名：穿叶金丝桃、小金丝桃、小叶金丝桃。
来　　源：藤黄科金丝桃属植物贯叶金丝桃 *Hypericum perforatum* L.。
药用部位：地上部分。
形态特征：多年生草本，茎呈圆柱形，高 20～60 cm，全体无毛。茎直立，多分枝，茎及分枝两侧各具 1 条纵棱，叶无柄，彼此靠近密集，椭圆形至线形，长 1～2 cm，宽 0.3～0.7 cm，先端钝形，基部近心形而抱茎，边缘全缘，背卷，坚纸质，上面绿色，下面白绿色，散布透明或黑色的腺点，黑色腺点大多分布于叶片边缘或近顶端。侧脉每边约 2 条，自中脉基部 1/3 以下生出，斜升，至叶缘连结，与中脉两面明显，脉网稀疏，不明显。聚伞花序顶生，多个再组成顶生圆锥花序；苞片及小苞片线形，长达 4 mm。萼片长圆形或披针形，长 3～4 mm，宽 1.0～1.2 mm，先端渐尖至锐尖，边缘有黑色腺点，全面有 2 行腺条和腺斑，果时直立，略增大，长达 4.5 mm。花瓣黄色，长圆形或长圆状椭圆形，两侧不相等，长约 1.2 mm，宽 0.5 mm，边缘及上部常有黑色腺点。雄蕊多数，3 束，每束有雄蕊约 15 枚，花丝长短不一，长达 8 mm，花药黄色，具黑腺点。子房卵珠形，长 3 mm，花柱 3，自基部极少开，长 4.5 mm。蒴果长圆状卵珠形，长约 5 mm，宽 3 mm，具背生腺条及侧生黄褐色囊状腺体。种子黑褐色，圆柱形，长约 1 mm，具纵向条棱，两侧无龙骨状突起，表面有细蜂窝纹。花期 7～8 月，果期 9～10 月。
生　　境：荒地、沙质山坡、草原灌丛、山地河谷、山地林间空地及山地森林阳坡等处，海拔 600～1 950 m。
产　　地：富蕴、福海、阿勒泰、哈巴河、玛纳斯、额敏、塔城、裕民、托里、沙湾、霍城、伊宁、尼勒克、新源、巩留、特克斯、昭苏等地。
采集加工：夏、秋二季开花时采割，阴干或低温烘干。
化学成分：主要含鞣质、挥发油、蒎烯、倍半萜、树脂等。
功能主治：收敛止血，调经通乳，清热解毒，利湿。主治咯血、吐血、肠风下血、崩漏、外伤出血、月经失调、乳妇乳汁不下、黄疸、咽喉疼痛、目赤肿痛、尿路感染、口鼻生疮、痈疽肿毒、烫火伤。

第三章 被子植物门

三十二、柽柳科 Tamaricaceae

1 密花柽柳

学　　名： *Tamarix arceuthoides* Bge.
来　　源： 柽柳科柽柳属植物密花柽柳 *Tamarix arceuthoides* Bge.。
药用部位： 嫩枝叶。
形态特征： 灌木或为小乔木，高 2～4（～7）m，老枝树皮浅红黄色或淡灰色，小枝开展，密生，1 年生枝多向上直伸，树皮红紫色。绿色营养枝上的叶几抱茎，卵形、卵状披针形或几三角状卵形，长 1～2 mm，宽 0.6 mm，长渐尖或骤尖，鳞片状贴生或以直角向外伸，略下延，鲜绿色，边缘常为软骨质；木质化生长枝上的叶半抱茎，长卵形，短渐尖，多向外伸，略圆或锐下延，微具耳；总状花序主要生在当年生枝条上，长 3～6（～9）cm，宽 2.5～4.0 mm，花小而着花极密，通常集生成簇，有时成稀疏的顶生圆锥花序，夏初出现，直到九月，有时（在山区）总状花序春天出生在去年的枝条上；苞片卵状钻形或条状披针形，针状渐尖，长 1.0～1.5 mm，与花萼等长或甚至比花萼（包括花梗）长；花梗长 0.5～0.7 mm，比花萼短或几等长；花萼深 5 裂，萼片卵状三角形，略钝，长 0.5～0.7 mm，几短于花瓣的 1/2，宽约 0.3 mm，边缘膜质白色透亮，近全缘，外面两片较内面三片钝，花后紧包子房；花瓣 5，充分开展，倒卵形或椭圆形，长 1.0～1.7（～2）mm，宽 0.5 mm，花白色或粉红色至紫色，早落；花盘深 5 裂，每裂片顶端常凹缺或再深裂成 10 裂片，裂片常呈紫红色；雄蕊 5，花丝细长，常超出花瓣 1.2～2.0 倍，通常着生花盘二裂片间，花药小，钝或有时具短尖头；雌蕊子房长圆锥形，长 0.7～1.3 mm，花柱 3，短，约为子房长的 1/2～1/3；蒴果小而狭细，长约 3 mm，粗 0.7 mm，高出紧贴蒴果的萼片 4～6 倍。花期 5～9 月，6 月最盛。
生　　境： 山前河流两岸、砾质河谷湿地、沙质砾石戈壁滩上。
产　　地： 新疆各地。
采集加工： 花未开时，折取细嫩枝叶，阴干。
化学成分： 主要含树脂、槲皮素、鞣质等。
功能主治： 疏风，解表，利尿，解毒。治麻疹不透、风疹身痒、感冒、咳喘、风湿骨痛。

三十三、堇菜科 Violaceae

1 西藏堇菜

学　　名：*Viola kunawarensis* Royle Illustr.

别　　名：藏东堇菜、天山堇菜。

来　　源：堇菜科堇菜属植物西藏堇菜 *Viola kunawarensis* Royle Illustr.。

药用部位：全草。

形态特征：多年生草本，高 2～6 cm。根状茎细长，先端向上分叉，褐色，带白色或褐色的细根；根颈通常增粗，节间短缩；无地上茎。叶较肥厚，全部基生成莲座状；叶片卵形、椭圆形或长圆形，长 7～40 mm，宽 5～10 mm，先端钝，基部渐狭，沿柄下延，全缘或具不明显的圆状疏齿，两面无毛，主脉突起；叶柄与叶片近等长，稀稍短于或长于叶片；托叶披针形，白色膜质，沿缘疏生具腺的流苏，大部与叶柄合生。花淡紫红色或下部白色具紫色条纹，长 5～10 mm；萼片长圆形或卵状披针形，先端近尖或钝，基部附属物短，末端圆形；花瓣长圆状倒卵形，先端圆钝，基部略狭，侧瓣里面无髯毛，下方花瓣较短，具极短的距，距略长于或短于萼片的附属物；子房无毛，花柱棒状，基部膝曲，顶端圆钝，向前伸出极短的喙；花梗短于或略长于叶，中部稍上处具 2 枚小苞片；小苞片线形或线状披针形，先端渐尖，沿边缘下部疏生具腺的流苏。蒴果卵圆形或长圆形，长 5～7 mm，无毛。花果期 6～7 月。

生　　境：高山和亚高山草甸，以及岩石缝隙中，海拔 2 000～4 000 m。

产　　地：奇台、阜康、乌鲁木齐、沙湾、昭苏、和硕、和静、乌恰、卡什库尔干、策勒等地。

采集加工：春、秋季节采收，洗净，鲜用或晒干。

化学成分：主要含挥发油、黄酮类、生物碱、氨基酸、皂苷、鞣质、香豆素等。

功能主治：具有清热解毒、消炎退烧、润肺消肿、润肺止咳、通利二便等作用。主治干热性或胆液质性疾病、发烧发热、头痛感冒、急性胸膜炎、肺炎、咽干咳嗽、二便不利等症。

三十四、胡颓子科 Elaeagnaceae

1 尖果沙枣

学　　名：*Elaeagnus oxycarpa* Schlechtend.
来　　源：胡颓子科胡颓子属植物尖果沙枣 *Elaeagnus oxycarpa* Schlechtend.。
药用部位：成熟果实。树皮、叶和花也可入药。
形态特征：落叶乔木或小乔木，高 5～20 m，具细长的刺；幼枝密被银白色鳞片，老枝鳞片脱落，圆柱形，红褐色。叶纸质，窄矩圆形至线状披针形，长 3～7 cm，宽 0.6～1.8 cm，顶端钝尖或短渐尖，基部楔形或近圆形，边缘浅波状，微反卷，上面灰绿色，下面银白色，两面均密被银白色鳞片，中脉在上面微凹下，侧脉 7～9 对，两面不甚明显；叶柄纤细，长 6～10（～15）mm，上面有浅沟，密被白色鳞片。花白色，略带黄色，常 1～3 花簇生于新枝下部叶腋；萼筒漏斗形或钟形，长 4 mm，喉部宽 3 mm，在子房上骤收缩，裂片长卵形，长 3.6 mm，宽 2 mm，顶端短渐尖，内面黄色，疏生白色星状柔毛；雄蕊 4，花丝淡白色，长 0.4 mm，花药长椭圆形，长 2 mm；花柱圆柱形，顶端弯曲近环形，长 5.6～6.5 mm；花盘发达，长圆锥形，长 1.0～1.9 mm，顶端有白色柔毛。果实球形或近椭圆形，长 9～10 mm，直径 6.0～8.5 mm，乳黄色至橙黄色，具白色鳞片；果肉粉质，味甜；果核骨质，椭圆形，长 8.0～9.8 mm，直径 4～5 mm，具 8 条较宽的淡褐色平肋纹；果梗长 3～6 mm，密被银白色鳞片。花期 5～6 月，果期 9～10 月。
生　　境：戈壁沙滩或沙丘，低洼潮湿地区和田边、路旁。海拔 300～1 500 m 左右。
产　　地：福海、乌鲁木齐、玛纳斯、乌苏、库尔勒等地。
采集加工：果实成熟时采收。
化学成分：主要含多糖、蛋白质、淀粉、脂肪、维生素和黄酮类等。
功能主治：树皮：收敛止痛，清热凉血；用于慢性气管炎、肠炎、咳喘、泄泻、胃痛、带下病；外用于烧烫伤、止血。叶：清热解毒；用于痢疾、泄泻。花：止咳平喘；用于咳喘、慢性支气管炎。果实：性凉，味微甘、酸；强壮，健胃，止泻，调经，利尿固精；用于消化不良、胃痛腹泻、月经不调、小便淋痛。

第三章　被子植物门

2 中亚沙棘

学　　名：Hippophae rhamnoides subsp. turkestanica Rousi.
来　　源：胡颓子科沙棘属植物中亚沙棘 Hippophae rhamnoides subsp. turkestanica Rousi.。
药用部位：成熟果实。
形态特征：落叶灌木或小乔木，高可达 6 m，稀至 15 m，嫩枝密被银白色鳞片，一年以上生枝鳞片脱落，表皮呈白色，光亮，老枝树皮部分剥裂；刺较多而较短，有时分枝；节间稍长；芽小。单叶互生，线形，长 15～45 mm，宽 2～4 mm，顶端钝形或近圆形，基部楔形，两面银白色，密被鳞片（稀上面绿色），无锈色鳞片；叶柄短，长约 1 mm。果实阔椭圆形或倒卵形至近圆形，长 5～7(～9) mm，干时果肉较脆；果梗长 3～4 mm；种子形状不一，常稍扁，长 2.8～4.2 mm。花期 5 月，果期 8～9 月。
生　　境：河谷阶地、山坡、河滩，海拔 800～3 000 m。
产　　地：塔城、博乐、精河、石河子、玛纳斯、奇台、霍城、伊宁、昭苏、哈密、和静、温宿、疏附、阿克陶、策勒等地。
采集加工：果实成熟时采收，去杂质，干燥或蒸后干燥。
化学成分：主要含黄酮类、有机酸、多糖类，挥发油等。
功能主治：清热解毒，化痰止咳，消食化滞，活血散瘀。用于咳嗽痰多、口舌生疮、维生素缺乏症、胃肠湿热、消化不良、食积腹痛、跌打损伤淤肿、瘀血经闭等。

三十五、石榴科 Punicaceae

1 石榴

学　　名：*Punica granatum* L.
别　　名：安石榴、山力叶、丹若、若榴木。
来　　源：石榴科石榴属植物石榴 *Punica granatum* L.。
药用部位：果皮。
形态特征：落叶灌木或乔木，高通常 3～5 m，稀达 10 m，枝顶常成尖锐长刺，幼枝具棱角，无毛，老枝近圆柱形。叶通常对生，纸质，矩圆状披针形，长 2～9 cm，顶端短尖、钝尖或微凹，基部短尖至稍钝形，上面光亮，侧脉稍细密；叶柄短。花大，1～5 朵生枝顶；萼筒长 2～3 cm，通常红色或淡黄色，裂片略外展，卵状三角形，长 8～13 mm，外面近顶端有 1 黄绿色腺体，边缘有小乳突；花瓣通常大，红色、黄色或白色，长 1.5～3.0 cm，宽 1～2 cm，顶端圆形；花丝无毛，长达 13 mm；花柱长超过雄蕊。浆果近球形，直径 5～12 cm，通常为淡黄褐色或淡黄绿色，有时白色，稀暗紫色。种子多数，钝角形，红色至乳白色，肉质的外种皮供食用。
生　　境：庭院栽培。
产　　地：喀什、莎车、叶城等地。
采集加工：石榴每年开 3 次花，故有 3 次结果，果实成熟时采收，晒干。
化学成分：石榴皮中主要含多酚、没食子酸和儿茶素等，还含大量鞣质、单糖、多糖等。
功能主治：果皮：涩肠止血，治慢性下痢及肠痔出血等症。根皮：可驱蛔虫和绦虫。

三十六、柳叶菜科 Onagraceae

1 月见草

学　　名：*Oenothera biennis* L.
别　　名：山芝麻、夜来香。
来　　源：柳叶菜科月见草属植物月见草 *Oenothera biennis* L.。
药用部位：根。
形态特征：直立2年生粗状草本，基生莲座叶丛紧贴地面；茎高50～200 cm，不分枝或分枝，被曲柔毛与伸展长毛（毛的基部疱状），在茎枝上端常混生有腺毛。基生叶倒披针形，长10～25 cm，宽2.0～4.5 cm，先端锐尖，基部楔形，边缘疏生不整齐的浅钝齿，侧脉每侧12～15条，两面被曲柔毛与长毛；叶柄长1.5～3.0 cm。茎生叶椭圆形至倒披针形，长7～20 cm，宽1～5 cm，先端锐尖至短渐尖，基部楔形，边缘每边有5～19枚稀疏钝齿，侧脉每侧6～12条，每边两面被曲柔毛与长毛，尤茎上部的叶下面与叶缘常混生有腺毛；叶柄长0～15 mm。花序穗状，不分枝，或在主序下面具次级侧生花序；苞片叶状，芽时长及花的1/2，长大后椭圆状披针形，自下向上由大变小，近无柄，长1.5～9.0 cm，宽0.5～2.0 cm，果时宿存，花蕾锥状长圆形，长1.5～2.0 cm，粗4～5 mm，顶端具长约3 mm的喙；花管长2.5～3.5 cm，径1.0～1.2 mm，黄绿色或开花时带红色，被混生的柔毛、伸展的长毛与短腺毛；花后脱落；萼片绿色，有时带红色，长圆状披针形，长1.8～2.2 cm，下部宽大处4～5 mm，先端骤缩成尾状，长3～4 mm，在芽时直立，彼此靠合，开放时自基部反折，但又在中部上翻，毛被同花管；花瓣黄色，稀淡黄色，宽倒卵形，长2.5～3.0 cm，宽2.0～2.8 cm，先端微凹缺；花丝近等长，长10～18 mm；花药长8～10 mm，花粉约50%发育；子房绿色，圆柱状，具4棱，长1～1.2 cm，粗1.5～2.5 mm，密被伸展长毛与短腺毛，有时混生曲柔毛；花柱长3.5～5.0 cm，伸出花管部分长0.7～1.5 cm；柱头围以花药。开花时花粉直接授在柱头裂片上，裂片长3～5 mm。蒴果锥状圆柱形，向上变狭，长2.0～3.5 cm，径4～5 mm，直立。绿色，毛被同子房，但渐变稀疏，具明显的棱。种子在果中呈水平状排列，暗褐色，菱形，长1.0～1.5 mm，径0.5～1.0 mm，具棱角，各面具不整齐注点。
生　　境：庭院栽培。
产　　地：和田。
采集加工：秋季将根挖出，除去泥土，晒干。
化学成分：种子含脂肪油约20%～25%，油中含亚麻酸甘油酯。
功能主治：强筋壮骨，祛风除湿。主治风湿病，筋骨疼痛。

第三章 被子植物门

三十七、锁阳科 Cynomoriaceae

1 锁阳

学　　名：*Cynomorium songaricum* Rupr.
别　　名：乌兰高腰、地毛球、羊锁不拉。
来　　源：锁阳科锁阳属植物锁阳 *Cynomorium songaricum* Rupr.。
药用部位：肉质茎。
形态特征：多年生肉质寄生草本，无叶绿素，全株红棕色，高 15～100 cm，大部分埋于沙中。寄生根根上着生大小不等的锁阳芽体，初近球形，后变椭圆形或长柱形，具多数须根与脱落的鳞片叶。茎圆柱状，直立、棕褐色，埋于沙中的茎具有细小须根，尤在基部较多，茎基部略增粗或膨大。茎上着生螺旋状排列脱落性鳞片叶，中部或基部较密集，向上渐疏；鳞片叶卵状三角形，先端尖。肉穗花序生于茎顶，伸出地面，棒状；其上着生非常密集的小花，雄花、雌花和两性相伴杂生，有香气，花序中散生鳞片状叶。雄花：花被片通常 4，离生或稍合生，倒披针形或匙形，下部白色，上部紫红色；蜜腺近倒圆形，亮鲜黄色，顶端有 4～5 钝齿，半抱花丝；雄蕊 1，花丝粗，深红色，当花盛开时超出花冠；花药丁字形着生，深紫红色，矩圆状倒卵形；雌蕊退化。雌花花被片 5～6，条状披针形；花柱棒状，长约 2 mm，上部紫红色；柱头平截；子房半下位，内含 1 顶生下垂胚珠；雄花退化。两性花少见；花被片披针形；雄蕊 1，着生于雌蕊和花被之间下位子房的上方；花丝极短，花药同雄花；雌蕊也同雌花。果为小坚果状，多数非常小，1 株约产 2 万～3 万粒，近球形或椭圆形，果皮白色，顶端有宿存浅黄色花柱。种子近球形，深红色，种皮坚硬而厚。花期 5～7 月，果期 6～7 月。

生　　境：盐碱沙地，寄生于白刺、柽柳等植物的根上，海拔 500～2 700 m。
产　　地：沙湾、奇台、伊吾、哈密、焉耆、库车、阿克陶、乌恰、叶城、若羌等地。
采集加工：春季采挖，晒干，或趁鲜切片晒干。
化学成分：主要含鞣质、淀粉、有机酸、生物碱等。
功能主治：补肝肾，益精血，助阳，强筋壮骨，润肠通便。用于阳痿、滑精、腰膝酸软、肠燥便秘、尿血、血枯、牙床出血、骨软行迟等病症。

三十八、伞形科 Apiaceae

1 芫荽

学　　名：*Coriandrum sativum* L.
别　　名：胡荽、香荽、延荽。
来　　源：伞形科芫荽属植物芫荽 *Coriandrum sativum* L.。
药用部位：全草与成熟的果实。
形态特征：1年生草本，高20～80 cm，具强烈的气味。根细长，纺锤形，有多数支根。茎圆柱形，有细棱槽，直立，分枝，无毛。叶淡绿色，无毛；基生叶和茎下部叶有长柄，基部扩大成鞘状；叶片卵形，1～2回羽状全裂，羽片广卵形或扇形，长1～2 cm，宽1.0～1.5 cm，边缘羽状深裂或具缺刻状锯齿，有短柄或无柄；茎中部叶和上部叶无柄，叶片多回羽状全裂，末回裂片窄线形，长5～10 mm，宽0.5～1.0 mm，叶鞘短披针形，沿缘膜质。复伞形花序直径2.5～3.5 cm，花序梗长2～8 cm，伞幅3～7，长12.5 cm；小伞形花序有花10～15，其中能育的两性花有3～9，小总苞片2～5，线形或线状披针形，全缘；花杂性；萼齿大小不等，小的三角形，大的长卵形或披针形；花瓣白色、玫瑰色或淡紫红色，同形或异形，花序中间花的花瓣同形，长1.0～1.2 mm，边缘花的花瓣不同形，外缘的1瓣增大，长2.0～3.5 mm；花柱幼时直立，果熟时向外反曲。果实圆球形，直径约3 mm。花期6～7月，果期7～8月。

生　　境：栽培。
产　　地：新疆各地。
采集加工：全草春夏可采，切段晒干。夏季采果实，去杂质，晒干。
化学成分：主要含挥发油、黄酮类、苯丙酸、生物碱等。
功能主治：发表透疹，健胃。全草：用以治疗麻疹不透，感冒无汗等症；果：用以治疗消化不良，食欲不振。

2 茴香

学　　名：*Foeniculum vulgare* Mill.
别　　名：怀香、小茴香、阿日帕巴地洋（维吾尔名）。
来　　源：伞形科茴香属植物茴香 *Foeniculum vulgare* Mill.。
药用部位：果实，根、叶和全草也可药用。
形态特征：草本，高 40～100 cm。茎 直立，光滑，灰绿色或苍白色，多分枝。较下部的茎生叶柄长 5～15 cm，中部或上部的叶柄部分或全部成鞘状，叶鞘边缘膜质；叶片轮廓为阔三角形，长 4～30 cm，宽 5～40 cm，4～5 回羽状全裂，末回裂片线形，长 1～6 cm，宽约 1 mm。复伞形花序顶生与侧生，花序梗长 2～25 cm；伞辐 6～29，不等长，长 1.5～10.0 cm；小伞形花序有花 14～39；花柄纤细，不等长；无萼齿；花瓣黄色，倒卵形或近倒卵圆形，长约 1 mm，先端有内折的小舌片，中脉 1 条；花丝略长于花瓣，花药卵圆形，淡黄色；花柱基圆锥形，花柱极短，向外叉开或贴伏在花柱基上。果实长圆形，长 4～6 mm，宽 1.5～2.2 mm，主棱 5 条，尖锐；每棱槽内有油管 1，合生面油管 2；胚乳腹面近平直或微凹。花期 5～6 月，果期 7～9 月。
生　　境：栽培。
产　　地：新疆各地。
采集加工：秋季果实初熟时采割植株，晒干，打下果实，除去杂质。
化学成分：主要含挥发油、脂肪酸等。
功能主治：散寒止痛、理气和胃。

3 莳萝

学　　名：*Anethum graveolens* L.
别　　名：土茴香、野茴香、洋茴香。中药材名称为莳萝子，为维吾尔医学常用药材。
来　　源：伞形科莳萝属植物莳萝 *Anethum graveolens* L.。
药用部位：果实。
形态特征：1年生草本，高50～100 cm。全株无毛，有强烈火香气。茎单一，直立。基生叶有柄，基部有阔叶鞘；叶片轮廓宽卵形，3～4回羽状全裂，末回裂片丝状；茎上部叶较小，分裂次数少，无叶柄，仅有叶鞘。复伞形花序顶生，无总苞片；小伞形花序有花15～25；无小总苞片；花瓣黄色，长圆形，小舌片近长方形，内曲；萼齿不明显；花柱短，花柱基圆锥形至垫状，双悬果扁压卵形，成熟时褐色；背棱细而明显突起，侧棱有狭翅，每棱槽有油管1，合生面油管2；胚乳腹面平直。花期5～8月，果期7～9月。

生　　境：栽培。
产　　地：玛纳斯、霍城、和静、和田等县市有栽培。
采集加工：果实成熟后采收果枝，晒干，打落果实，去净杂质，晒至干透。
化学成分：主要含挥发油，其中含量最多的是香芹酮、柠檬烯、芹菜脑。
功能主治：温脾肾，开胃，散寒，行气，解鱼肉毒。用于肠腹胀满，胃寒疼痛，脾胃湿热，尿路及膀胱结石等症。

4 新疆阿魏

学　　名：*Ferula sinkiangensis* K. M. Shen
别　　名：臭阿魏、细叶阿魏、熏渠、魏去疾、阿虞、形虞、哈昔泥、五彩魏。
来　　源：伞形科阿魏属植物新疆阿魏 *Ferula sinkiangensis* K. M. Shen。
药用部位：树脂。
形态特征：多年生一次结果的草本，高达 1.5 m。全株有强烈的葱蒜样臭味，根纺锤形或圆锥形，粗壮，根茎上残存有枯萎叶鞘纤维。茎通常单一，稀 2～5，粗壮，有柔毛，从近基部向上分枝成圆锥状，下部枝互生，上部枝轮生，通常带紫红色。基生叶有短柄，柄的基部扩展成鞘；叶片轮廓为三角状卵形，三出式 3 回羽状全裂，末回裂片广椭圆形，浅裂或上部具齿，基部下延；灰绿色，上表面有疏毛，下表面被密集的短柔毛，早枯萎；茎生叶逐渐简化，变小，叶鞘卵状披针形，革质，枯萎。复伞形花序生于茎枝顶端，无总苞片；伞辐 5～25，近等长，被柔毛，中央花序近无梗，侧生花序 1～4，较小，轮生，稀单生，长常超出中央花序，植株成熟时增粗；小伞形花序有花 10～20 朵，小总苞片宽披针形，脱落；萼齿小；花瓣黄色，椭圆形，顶端渐尖，向内弯曲，沿中脉色暗，向里微凹，外面有毛；花柱基扁圆锥形，边缘增宽，波状；花柱延长，柱头头状。分生果椭圆形，背腹扁压，有疏毛，果棱突起；每棱槽内有油管 3～4，大小不一，合生面油管 12～14，花期 4～5 月，果期 5～6 月。
生　　境：荒漠草原和带砾石的黏质土坡，海拔 700～850 m。
产　　地：沙湾、玛纳斯、伊宁等地。
采集加工：春末夏初盛花期至初果期，分次由茎上部往下斜割，收集渗出的乳状树脂，阴干。
化学成分：主要含倍半萜、香豆素、硫化合物、多糖和芳香族类化合物等。
功能主治：消积，散痞，杀虫。用于肉食积滞、瘀血症瘕、腹中痞块、虫积腹痛等症。

第三章 被子植物门

5　野胡萝卜

学　　名：*Daucus carota* L.

别　　名：鹤虱草、山萝卜。以成熟果实入药其中药材名称为南鹤虱。

来　　源：伞形科胡萝卜属植物野胡萝卜 *Daucus carota* L.。

药用部位：果实和根。

形态特征：2年生草本，高30～120 cm。根圆锥形，白色。茎单一，直立，有棱槽，分枝，被白色硬毛。叶沿脉有白色硬毛，基生叶和茎下部叶有柄，柄的基部扩展成鞘，叶片椭圆形或长圆形，2回羽状全裂，末回羽片长圆形或椭圆形，长10～15 mm，再浅裂或具齿；茎中部和上部叶简化，末回裂片披针形或线形，叶鞘披针形，边缘窄膜质。复伞形花序生于茎枝顶端，直径5～10 cm，伞幅多数，不等长，花期开始展开，后期靠拢并向里弯曲，总苞片多数，羽
状分裂，裂片线形，边缘窄膜质，有稀疏的毛；小伞形花序有花15～20，小总苞片8～10，线形，全缘或3深裂，顶端尖，不等长；花白色，有时带淡紫红色，萼齿披针状钻形，花瓣倒卵形，外缘花的花瓣不等长，其中1瓣增大，长2～3 mm；花柱基扁平圆锥状，花柱延长，外弯。果实椭圆形，长3～4 mm，宽1.5～2.0 mm；果棱有主棱和次生棱，棱上有白色刚毛；次生棱下油管1，合生面油管2。花期6～7月，果期7～8月。

生　　境：山坡、河漫滩、田间、路旁，海拔690～2 000 m。

产　　地：青河、乌鲁木齐、沙湾、奎屯、霍城、伊宁、新源、巩留、特克斯、昭苏等地。

采集加工：果实：夏季采收，去杂质，晒干。根：春季未开花前采挖，去其茎叶，洗净，晒干或鲜用。

化学成分：主要含黄酮类、糖类、季铵型生物碱、氨基酸、胡萝卜苦苷、甾醇等。

功能主治：果实：有驱虫作用，又可提取芳香油。用于蛔虫、蛲虫、绦虫病，虫积腹痛，小儿疳积。根：健脾化滞、凉肝止血、清热解毒。主脾虚食少、腹泻、惊风、逆血、血淋、咽喉肿痛。

三十九、白花丹科 Plumbaginaceae

1 大叶补血草

学　　名：*Limonium gmelinii* (Willd.) Kuntze
别　　名：拜赫曼、克迷克。
来　　源：白花丹科补血草属植物大叶补血草 *Limonium gmelinii* (Willd.) Kuntze。
药用部位：全草或根。
形态特征：多年生草本，高 40～80 cm，光滑（除花萼外）。根粗壮，木质。茎基部具残遗枯叶柄。叶基生，莲座状，多数，绿色或灰绿色，较厚、硬，长圆状倒卵形或椭圆形，长（5）10～30（40）cm，宽 3～8（10）cm，先端钝或圆，向下

渐收缩成宽的叶柄，全缘，下表面常呈灰白色，开花时叶不凋落。花序呈大型伞房状或圆锥状，花序轴 1 或几个，圆柱状，光滑，花序下部具长约 2 cm 的大形褐色鳞片，通常在中部以上作 3～4 回分枝，小枝细而直，无不育枝或极少；花蓝紫色，聚集成短而密的小穗，由 2～7 个小穗组成聚伞花序，长圆盾状或塔形，集生于花轴分枝顶端，穗状花序多少有柄；小穗长约 5 mm，含花 1～3 朵；外苞宽卵形，长 1.0～1.6 mm，先端钝或急尖，具膜质边缘，第一内苞长 2.0～2.5 mm，先端钝圆或截形，膜质边缘较外苞的窄，其他内苞片较小，膜质，有窄脉；花萼白色或淡紫色，倒圆锥形，长 3.0～4.5 mm，萼筒长 2.0～2.5 mm，直径 1 mm，下部密被长绒毛，萼 5 裂，裂片细小，长 0.5 mm，先端钝或具短尖；花冠蓝紫色，稀白色。种子长卵圆形，长约 2 mm，宽 0.6 mm，深紫棕色。花期 7～9 月；果期 8～9 月。
生　　境：山地草原带的盐碱地及平原盐渍化的低地、山地河岸、湖岸的盐土地，海拔 1 000～2 000 m。
产　　地：富蕴、阿勒泰、布尔津、奇台、阜康、乌鲁木齐、呼图壁、玛纳斯、石河子、塔城、托里、沙湾、霍城、伊宁、察布查尔、新源、巩留、巴里坤等地。
采集加工：随时可采，洗净，晒干。
化学成分：主要含黄酮类、鞣质、多糖、生物碱等。
功能主治：苦，微寒。止血散瘀，主治功能性子宫出血、尿血、痔疮出血、脱肛、痈疽、子宫内膜炎、宫颈糜烂等。

四十、龙胆科 Gentianaceae

1 集花龙胆

学　　名： *Gentiana olivieri* Griseb.
来　　源： 龙胆科龙胆属植物集花龙胆 *Gentiana olivieri* Griseb.。
药用部位： 根。
形态特征： 多年生草本，高（10）12～30（40）cm，全株光滑无毛，基部被枯存的纤维状叶鞘包裹。枝少数丛生，直立或斜升，黄绿色或有时紫红色。莲座丛叶5～10数，长披针形或狭椭圆状披针形，长5～20 cm，宽4～8（10）mm，边缘光滑，先端钝或急尖，基部渐狭，叶脉3～5（7）条，在两面均明显，并在下面突起；叶柄宽，长2～3 cm，包被于枯存的纤维状叶鞘中；茎生叶椭圆状披针形或狭椭圆形，长2.5～4.5 cm，宽3～6 mm，先端急尖，基部钝，2（3）对生叶基部包茎形成叶鞘，长3～8 mm，叶脉1～3（5）条，在两面均明显，并在下面突起，边缘平滑。花多数，无花梗或有时花梗长5 cm，簇生枝顶呈头状或腋生，呈伞形花序；花萼筒膜质，黄绿色，长10～15 mm，裂片锥状披针形，长5～6 mm；花冠筒部黄绿色，花冠蓝色或蓝紫色，有时淡蓝色至白色，长2.5～3.0 cm，稀1～2 cm，裂片卵形或卵圆形，先端钝，长5～6 mm，全缘，褶整齐，长1.5～2.5 mm，三角形，先端二裂；雄蕊着生于冠筒中下部，整齐，花丝线状钻形，长6～10 mm，花药矩狭圆形，长1.5～2.5 mm；子房有柄，连柱头长2～3 mm，柱头2裂，裂片矩圆形。蒴果内藏或外露，卵状椭圆形。种子褐色，无翅，有光泽，矩圆形，长1.0～1.2 mm，表面具细网纹。花果期7～10月。
生　　境： 山地草原至高山草原，海拔1 500～3 000 m。
产　　地： 霍城、伊宁、昭苏、伊吾、阿图什、塔什库尔干等地。
采集加工： 春、秋季采挖，除去茎叶、须根及泥土，晒干。
化学成分： 主要含环烯醚萜、三萜、黄酮和甾体类等。
功能主治： 祛风除湿，清热利尿，和血舒筋，止痛。用于治疗风湿性关节痛、肺结核潮热、出虚汗、小儿疳积、慢性湿疹、黄疸、筋脉拘挛、骨蒸潮热、小便不利等症。

2　肋柱花

学　　名：*Lomatogonium rotatum* (L.) Fries ex Nym

别　　名：哈比日干—其其格—地格达（蒙古药名）；蒂达、莪蒂（藏药名）。中蒙药名肋柱花。

来　　源：龙胆科肋柱花属植物肋柱花 *Lomatogonium rotatum* (L.) Fries ex Nym。

药用部位：全草。

形态特征：1年生草本，高 10～30 cm。茎直立，四棱形，少分枝，有时从基部多分枝。基生叶倒披针形，向基部狭窄，顶端稍钝，长 1.0～1.2 cm，宽 0.3～0.5 cm，无柄，茎生叶对生，狭披针形，钝尖，基端较宽，长 1.2～2.0 cm，宽 0.2～0.4 cm。复总状聚伞花序，花序顶生或腋生；花冠淡蓝色或天蓝色，长 0.7～2.0 cm，先端钝尖，长椭圆形，具暗色脉，花梗细长；花萼长 0.8～1.5 cm，深裂，狭披针形，钝尖，等长或短于花瓣；花冠基部两侧具鳞片状齿裂的筒状腺窝；雄蕊 5 枚，花药矩形，蓝色；子房圆柱形 1 室，花柱缺，先端钝尖，短于花冠，柱头沿子房缝线下延。蒴果椭圆形，长 1.2～1.7 cm，先端钝。种子小，多数，球形。花果期 8～9 月。

生　　境：高山至高山草甸草原，海拔 1 400～4 200 m。

产　　地：木垒、奇台、和布克赛尔、额敏、塔城、裕民、特克斯、昭苏、巴里坤、伊吾、和田等地。

采集加工：夏、秋采集，晒干。

化学成分：主要含黄酮类等。

功能主治：清热解毒，益肾补骨。用于药物中毒、骨热、发热、瘟疫、流感、胆结石、中暑、头痛、肝胆热、黄疸、伤热、食积胃热。

四十一、夹竹桃科 Apocynaceae

1 罗布麻

学　　名：*Apocynum venetum* L.
别　　名：茶叶花、野麻、泽漆麻、女儿茶、茶棵子、奶流、红麻、红花草、吉吉麻、羊肚拉角、牛茶、野茶、野务其干（维吾尔名）、披针叶茶叶花、红麻。
来　　源：夹竹桃科罗布麻属植物罗布麻 *Apocynum venetum* L.。
药用部位：叶或全草。
形态特征：直立半灌木或草本，具乳汁，高 1~3 m。枝条，紫红色或淡红色。叶椭圆状披针形至矩圆状卵形，边缘具细齿对生，分枝处叶常为互生；叶柄间具腺体。圆锥状聚伞花序 1 至多数，常顶生；花萼 5 深裂，边缘膜质，两面被短柔毛；花冠紫红色或粉红色，圆筒状钟形，两面密被颗粒状突起，花冠裂片基部向右覆盖，裂片卵状长圆形，每裂片内外均具 3 条明显红紫色的脉纹，花冠内侧基部具副花冠及环状肉质花盘；雄蕊着

生在花冠筒基部；花药箭头状，花丝短，密被白茸毛；子房由 2 枚离生心皮所组成，被白色茸毛，花柱短，上部膨大，顶端钝 2 裂。蓇葖果 2 枚，下垂，圆筒形，外果皮棕色，无毛。种子多数，卵圆状长圆形，黄褐色，顶端有一簇白色绢质的种毛。花期 5~7 月，果期 8~9 月。
生　　境：河岸、盐碱地、盐生草甸。
产　　地：阿尔泰、和田、博乐、塔什库尔干、玛纳斯和塔城等地。
采集加工：夏秋季采收，晒干。
化学成分：主要含黄酮类、苯丙酮、多糖、萜类、有机酸、鞣质、氨基酸等。
功能主治：全草：性凉，有小毒；清火，降压，强心，利尿；用于心脏病、高血压、肾虚、肝炎腹胀、水肿尿少、神经性衰弱、惊痫抽搐。叶：平肝安神，清热利水；用于肝阳眩晕、心悸失眠、清热利尿、水肿尿少、高血压、肾虚等症。乳汁：用于愈合伤口。

2　大叶白麻

学　　名：*Poacynum hendersonii* (Hook.f.) Woodson.
别　　名：野麻、大花罗布麻。
来　　源：夹竹桃科白麻属植物大叶白麻 *Poacynum hendersonii* (Hook.f.) Woodson.。
药用部位：叶或全草。
形态特征：直立半灌木或草本，高 0.5～2.5 m。植株含乳汁；枝条倾向茎的中轴，无毛。叶坚纸质，互生，叶片椭圆形至卵状椭圆形，顶端急尖或钝，具短尖头，基部楔形或圆形，无毛，叶柄面具颗状突起，叶片长 3～4 cm，宽 1.0～1.5 cm，叶缘具细齿；叶柄长 0.5 mm，叶柄基部及腋间具腺体，老时脱落。圆锥状聚伞花序 1 至多数，顶生；总花梗长 3～9 cm；花梗长 0.5～1.0 cm；总花梗、花梗、苞片及花萼外面均被白色短柔毛；苞片披针形，长 1～4 mm，内无腺体；花冠辐状，下垂，直径 1.5～2.0 cm，外面粉红色，内面稍带紫色，两面均具颗粒状突起，花冠筒长 2.5～7.0 mm，直径 1.0～1.5 cm，花冠裂片反折，宽三角形，长 2.5～4.0 cm，宽 3～5 mm，每裂片具三条深紫色的脉纹；副花冠裂片 5 枚，着生于花冠筒的基部，裂片宽三角形，基部合生，顶端长尖凸起；雄蕊 5 枚，着生于花冠筒基部，与副花冠裂互生，花药箭头状，顶端渐尖，隐藏在花喉内，基部具耳，背部隆起，腹面粘生在柱头的基部；花丝短，被白色茸毛；雌蕊 1 枚，长 3～4 mm，柱头短，长 1～3 mm，上部膨大，下部缩小，柱头顶端钝，2 裂，基部盘状，子房半下位，由 2 个离生心皮所组成，上部被白色茸毛；胚株多数；花盆肉质环状，顶端 5 浅裂或微缺，基部合生，环绕子房，基部着生于花托上。菁葖果 2 枚，叉生或平行，倒垂，长而细，圆筒状，顶端渐尖，幼时绿色，老时黄褐色，长 10～30 cm，直径 0.3～0.5 cm。种子卵状长圆形，长 2.5～3.0 mm，直径 0.5～0.7 mm，顶端具一簇白色绢质种毛，种毛长 1.5～3.0 cm。花期 5～7 月；果期 7～9 月。
生　　境：盐碱荒地、沙漠边缘及河岸冲积平原和湖围。
产　　地：哈密及南疆各地。
采集加工：夏、秋采集，晒干。
化学成分：主要含有黄酮、苯丙素、多糖、萜类、有机酸和香豆素等。
功能主治：平肝安神，清热利水。用于肝阳眩晕、心悸失眠、浮肿尿少、高血压、神经衰弱、肾炎浮肿。

四十二、旋花科 Convolvulaceae

1 打碗花

学　　名：*Calystegia hederacea* Wall.

别　　名：燕覆子、蒲（铺）地参、盘肠参、兔耳草、富苗秧、傅斯劳草、兔儿苗、扶七秧子、扶秧、走丝牡丹、面根藤、钩耳藤、喇叭花、狗耳丸、狗耳苗、小旋花、狗儿秧、扶苗、扶子苗、旋花苦蔓、老母猪草。

来　　源：旋花科打碗花属植物打碗花 *Calystegia hederacea* Wall.。

药用部位：根状茎和花。

形态特征：1 年生草本，高 8～30（～40）cm，全株无毛。根细长。茎平卧，有细棱。基部叶片长圆形，叶基戟形；上部叶片 3 裂，全缘或 2～3 裂。花单生于叶腋，花梗长于叶柄，有细棱；苞片宽卵形，顶端钝，具小短尖头，萼片稍短；花冠淡紫色或淡红色，钟状，冠檐近截形或微裂；雄蕊近等长，花丝基部扩大，贴生于花冠管基部，被小鳞毛；子房无毛，柱头 2 裂，裂片长圆形，扁平。蒴果卵球形，宿存萼片与之近等长或稍短。种子黑褐色，表面有小疣。

生　　境：田边、路旁。

产　　地：新疆各地。

采集加工：夏、秋采集，洗净，晒干。

化学成分：主要含氨基酸、蛋白质、糖及其苷类、有机酸、酚类和鞣质、皂苷、黄酮类、香豆素、生物碱等。

功能主治：根状茎：性平，味甘、淡；健脾益气，利尿，调经止带。花：止痛；用于脾虚消化不良、月经不调、红白带下病、乳汁稀少；外用治牙痛。

2　田旋花

学　　　名：*Convolvulus arvensis* L.
别　　　名：箭叶旋花、野牵牛、白花藤、三齿草藤、田福花。
来　　　源：旋花科旋花属植物田旋花 *Convolvulus arvensis* L.。
药用部位：全草、花、根。
形态特征：多年生草本，根状茎横走，茎平卧或缠绕，有条纹及棱角，无毛或上部被疏柔毛。叶卵状长圆形至披针形，先端钝或具小短尖头，基部大多戟形，或箭形及心形，全缘或3裂，侧裂片展开，微尖，中裂片卵状椭圆形，狭三角形或披针状长圆形，微尖或近圆；叶柄较叶片短；叶脉羽状，基部掌状。花序腋生，总梗域有时2～3至多朵花，花柄比花萼长得多；苞片2，线形；萼片有毛，长梢不等，2个外萼片稍短，长圆状椭圆形，具短缘毛，内萼片近圆形，白色或粉红色，或白色具粉红色，或粉红色具红色，5浅裂；雄蕊5，稍不等长。种子4粒，卵圆形，无毛，暗褐色或黑色。
生　　　境：绿洲、低山带河谷。
产　　　地：新疆各地。
采集加工：全草夏秋季采收，洗净，鲜用或切段晒干。花在6～8月开花时摘取，鲜用或晾干。
化学成分：根含旋花苷及缓泻树脂。
功能主治：活血调经，止痒止痛，祛风。治瘟疫、陈热病、虫病、风湿性关节炎、风寒湿痹、消化不良、痛经、神经性皮炎。外用治牙痛。

3 单柱菟丝子

学　　名：*Cuscuta monogyna* Vahl.
来　　源：旋花科菟丝子属植物单柱菟丝子 *Cuscuta monogyna* Vahl.。
药用部位：种子。

形态特征：1年生草本，全体无毛；茎线形，强壮，粗糙，多分枝，直径1～2 mm，微红色，有深紫色瘤状突起，无叶。花序腋生，松散穗状或数朵花密集而短的穗状圆锥花序；苞片小，肉质，卵圆形或卵状三角形，长1～2 mm，锐尖；花长3～4 mm，几无梗或明显具梗，玫红色或几白色；花萼碗形，长不及2 mm，萼片5，相等，卵圆形，锐尖，基部相连，常有紫红色瘤状突起；花冠壶形，管形，最后作钟形，紫色，长3.0～3.5 mm，裂片5，卵圆形，  钝，全缘或微具齿，短于冠筒1半；雄蕊5，着生于花冠喉部，花丝短，与花药等长，花药广椭圆形或广椭圆状心形；鳞片5，近长圆形，边缘繸形，达花冠中部，多少2裂，具不等的流苏；子房近球形，直径约1 mm，无毛，平滑，2室，每室2胚珠；花柱1，很短，长0.50～0.45 mm；柱头头状，中央有浅裂缝，几与花柱等长。蒴果卵圆形，或几球形，长4 mm，周裂。种子1～2，不等的圆心形，长3.0～3.5 mm，多少具喙，平滑，暗棕色。

生　　境：南疆荒漠，寄生于乔、灌木及多年生草本上。
产　　地：乌鲁木齐、伊宁、哈密、博湖、库尔勒等地。
采集加工：秋季果实成熟时采收，晒干后打下种子，除杂。
化学成分：主要含甾体类、三萜酸类及树脂苷、糖类、黄酮类等。
功能主治：滋补肝肾，固精缩尿，安胎，明目。用于治疗脾肾虚泻、腰膝酸软、阳痿遗精、视力减退、目昏耳鸣、肾虚胎漏、先兆流产、白癜风、湿疹、肝炎、急性结膜炎、心慌、发热、口舌起泡、心脏病、消渴、糖尿病、肺热、脉热、毒热、呕吐不止等。

四十三、花荵科 Polemoniaceae

1 花荵

学　　名：*Polemonium coeruleum* L.
别　　名：鱼翅菜、手参、穴菜、电灯花。
来　　源：花荵科花荵属植物花荵 *Polemonium coeruleum* L.。
药用部位：全草或根与根茎。
形态特征：多年生草本，高 40～70 cm。根匍匐，圆柱状，多纤维状须根。茎单一，直立或基部上升，无毛或被疏柔毛；根状茎横生。单数羽状复叶互生，茎下部叶大，长约 20 cm，上部叶小，长 7～14 cm，叶柄长 1.5～8.0 cm，生下部者较长，上部具短叶柄或无柄；小叶互生，11～21 片，矩圆状披针形、披针形或窄披针形，长 10～30 mm，宽 2～7 mm，全缘，顶端锐尖或渐尖，基部近圆形，两面无毛或偶有柔毛，无柄，叶柄长 3～5 cm。聚伞圆锥花序顶生或上部叶腋生，疏生多花；花梗长 3～5 mm；总梗和花梗密生短腺毛；花萼钟状，长 3～6 mm，无毛或有短腺毛，裂片卵形、长卵形或卵状披针形，顶端锐尖或钝圆，与萼筒近等长；花冠辐状或宽钟状，长 12～14 mm，蓝色或浅蓝色，裂片倒卵形，顶端圆或偶有渐狭或略尖，边缘常疏生缘毛；雄蕊着生于花冠筒基部之上，与花冠近等长，花丝基部簇生黄白色柔毛；子房球形，柱头稍伸出花冠之外。蒴果宽卵形，长约 5 mm。种子长约 2 mm，深棕色；种皮干后膜质似有翅。
生　　境：山地草原及草甸，海拔 1 700～2 600 m。
产　　地：阿勒泰、奇台、阜康、乌鲁木齐、昌吉、和布克赛尔、塔城、博乐、新源、昭苏、特克斯、和静等地。
采集加工：夏季花尚未开放时采收洗净，切段，晒干。
化学成分：主要含三萜皂苷、甾醇、皂苷等。
功能主治：止血，祛痰，镇静。治咯血、吐血、失血、便血、胃痛及十二指肠溃疡出血、功能性子宫出血、咳嗽痰喘、癫痫、失眠、慢性气管炎、崩漏等。

四十四、紫草科 Boraginaceae

1 软紫草

学　　名：*Amebia euchroma* (Royle) Johnst

别　　名：紫草茸、新疆紫草。

来　　源：紫草科软紫草属植物软紫草 *Amebia euchroma* (Royle) Johnst。

药用部位：根。

形态特征：多年生草本。根粗壮，直径可达 2cm，富含紫色素。茎 1 条或 2 条，直立，高 15～40 cm，仅上部花序分枝，基部有残存叶基形的茎鞘，被开展的白色或淡黄色长硬毛。叶无柄，两面均疏生半贴伏的硬毛；基生叶线形至线状披针形，长 7～20 cm，宽 5～15 mm，先端短渐尖，基部扩展成鞘状；茎生叶披针形至线状披针形，较小，无鞘状基部。镰状聚伞花序生茎上部叶腋，长 2～6 cm，最初有时密集成头状，含多数花；苞片披针形；花萼裂片线形，长 1.2～1.6 cm，果期可达 3 cm，先端微尖，两面均密生淡黄色硬毛；花冠筒状钟形，深紫色，有时淡黄色带紫红色，外面无毛或稍有短毛，筒部直，长 1.0～1.4 cm，檐部直径 6～10 mm，裂片卵形，开展；雄蕊着生于花冠筒中部（长柱花）或喉部（短柱花），花药长约 2.5 mm；花柱长达喉部（长柱花）或仅达花筒中部（短柱花），先端浅 2 裂，柱头 2，倒卵形。小坚果宽卵形，黑褐色，长约 3.5 mm，宽约 3 mm，有粗网纹和少数疣状突起，先端微尖，背面凸，腹面略平，中线隆起，着生面略呈三角形。花果期 6～8 月。

生　　境：洪积扇、前山和中山带山坡，海拔 1 000～4 000 m。

产　　地：富蕴、温泉、博乐、玛纳斯、乌鲁木齐、伊宁、察布查尔、昭苏、新源、和静、拜城、库车、温宿、阿克苏、阿图什、乌恰、塔什库尔干、和田等地。

采集加工：春夏秋皆可采挖，去杂质，晒干。

化学成分：主要含萘醌类、单萜苯酚及苯醌类、酚酸及其盐类、生物碱类、脂肪族及酯类化合物等。

功能主治：清热凉血，解毒透疹。用于发斑发疹、麻疹不透、急性肝炎、慢性肝炎、痈肿等治疗。外用治冻伤、湿疹、烧烫伤、下肢溃疡、玫瑰糠疹等。

第三章 被子植物门

四十五、唇形科 Labiatae

1 薰衣草

学　　名：*Lavandula angustifolia* Mill.
别　　名：狭叶薰衣草、纳德斯、乌斯提乎杜斯（维吾尔名）。
来　　源：唇形科薰衣草属植物薰衣草 *Lavandula angustifolia* Mill.。
药用部位：全草。
形态特征：半灌木或矮灌木。分枝，被星状绒毛，在幼嫩部分较密；老枝灰褐色或暗褐色，皮层作条状剥落，具有长的花枝及短的更新枝。叶线形或披针状线形，在花枝上的叶较大，疏离，被密的或疏的灰色星状绒毛，干时灰白色或橄榄绿色，在更新枝上的叶小，簇生，密被灰白色星状绒毛，干时灰白色，均先端钝，基部渐狭成极短柄，全缘，边缘外卷，中脉在下面隆起，侧脉及网脉不明显。轮伞花序通常具6～10朵花，多数，在枝顶聚集成间断或近连续的穗状花序，穗状花序，花序梗长约为花序本身3倍，密被星状绒毛；苞片菱状卵圆形，先端渐尖成钻状，具5～7脉，干时常带锈色，被星状绒毛，小苞片不明显；花具短梗，蓝色，密被灰色、分枝或不分枝绒毛；花萼卵状管形或近管形，13脉，内面近无毛，二唇形，上唇1齿较宽而长，下唇具4短齿，齿相等而明显；花冠长约为花萼的2倍，具13条脉纹，外面被与花萼同一毛被，但基部近无毛，内面在喉部及冠檐部分被腺状毛，中部具毛环，冠檐二唇形，上唇直伸，2裂，裂片较大，圆形，且彼此稍重叠，下唇开展，3裂，裂片较小；雄蕊4，着生在毛环上方，不外伸，前对较长，花丝扁平，无毛，花药被毛；花柱被毛，在先端压扁，卵圆形；花盘4浅裂；裂片与子房裂片对生。小坚果4颗，光滑。花期6月。
生　　境：栽培。
产　　地：伊犁地区。
采集加工：夏季花期采收，阴干。
化学成分：主要含挥发油等。薰衣草花的水-甲醇提取物中含有咖啡酸、木犀草素、木犀草苷等。
功能主治：清热解毒，散风止痒。用于治疗头痛、头晕、口舌生疮、咽喉红肿、水火烫伤、风疹、疥癣。

第三章 被子植物门

2 藿香

学　　　名：*Agastache rugosa* (Fisch. et Mey.) O. Ktze.
别　　　名：合香、藿香、苍告、山茴香、山灰香、红花小茴香、家茴香、香薷、香荆芥花、把蒿、猫巴蒿、猫巴虎、猫尾巴香、山猫巴、仁丹草、野苏子、拉拉香、八蒿、白荷、薄荷、土藿香、大叶薄荷、山薄荷、野薄荷、野藿香、小薄荷、鱼子苏、杏仁花、叶藿香、苏藿香、大薄荷、鸡苏、白薄荷、鱼香、紫苏草、水麻叶、青茎薄荷、排香草、兜娄婆香。
来　　　源：唇形科藿香属植物藿香 *Agastache rugosa* (Fisch. et Mey.) O. Ktze.。
药用部位：全草。
形态特征：多年生草本。茎直立，高 50～100 cm，四棱形，粗达 7～8 mm，上部被极短的细毛，下部无毛，在上部具能育的分枝。叶心状卵形至长圆状披针形，长 4.5～11.0 cm，宽 3.0～6.5 cm，向上渐小，先端尾状长渐尖，基部心形，稀截形，边缘具粗齿，纸质，上面橄榄绿色，近无毛，下面略淡，被微柔毛及点状腺体；叶柄长 1.5～3.5 cm。轮伞花序多花，在主茎或侧枝上组成顶生密集的圆筒形穗状花序，穗状花序长 2.5～12.0 cm，直径 1.8～2.5 cm；花序基部的苞叶长不超过 5 mm，宽约 1～2 mm，披针状线形，长渐尖，苞片形状与之相似，较小，长约 2～3 mm；轮伞花序具短梗，总梗长约 3 mm，被腺微柔毛。花萼管状倒圆锥形，长约 6 mm，宽约 2 mm，被腺微柔毛及黄色小腺体，多少染成浅紫色或紫红色，喉部微斜，萼齿三角状披针形，后 3 齿长约 2.2 mm，前 2 齿稍短。花冠淡紫蓝色，长约 8 mm，外被微柔毛，冠筒基部宽约 1.2 mm，微超出于萼，向上渐宽，至喉部宽约 3 mm，冠檐二唇形，上唇直伸，先端微缺，下唇 3 裂，中裂片较宽大，长约 2 mm，宽约 3.5 mm，平展，边缘波状，基部宽，侧裂片半圆形。雄蕊伸出花冠，花丝细，扁平，无毛。花柱与雄蕊近等长，丝状，先端相等的 2 裂。花盘厚环状。子房裂片顶部具绒毛。成熟小坚果卵状长圆形，长约 1.8 mm，宽约 1.1 mm，腹面具棱，先端具短硬毛，褐色。花期 8～9 月，果期 10 月。
生　　　境：栽培。
产　　　地：新疆各地。
采集加工：夏秋季采收全草，除去残根和杂质，切段、晒干。
化学成分：主要含黄酮类、多酚类、矿物质和维生素等。
功能主治：化湿醒脾，辟秽和中，解暑，发表。用于治疗湿阻脾胃、脘腹胀满、湿温初起、呕吐、泄泻、暑湿、发热恶寒、恶寒发热、胸脘满闷等。

3 硬尖神香草

学　　名：*Hyssopus cuspidatus* Boriss.
别　　名：白花硬尖神香草、祖帕奇尼（维吾尔名）。为维吾尔族民间习用药。
来　　源：唇形科神香草属植物硬尖神香草 *Hyssopus cuspidatus* Boriss.。
药用部位：全草。
形态特征：半灌木，高 15～60 cm。茎基部粗大，木质，褐色，常扭曲，有不规则剥落的皮层，自基部帚伏分枝，因而当年生茎多数而密集，幼茎基部带紫，节间短小，上部绿色，节间伸长，四棱形，上面略具沟，无毛或近于无毛。叶线形，长 1.5～4.5 cm，宽 2～4 mm，大多长于节间，先端锥尖，具长约 2 mm、近于脱落锥状尖头，基部渐狭，无柄，上面绿色，下面灰绿色，中肋在上面凹陷下面隆起，两面无毛，边缘有极短的糙伏毛，不内卷，但多少下弯。穗状花序多花，生于茎顶，长 3～8 cm，由轮伞花序组成，轮伞花序通常 10 花，具长 1～2 mm 的短梗，常偏向于一侧而呈半轮伞状；苞片及小苞片线形，长 4～8 mm，长超过花梗，先端具长 2～3 mm 的锥状尖头。花萼管状，喉部稍增大，连齿长 1 cm，外面在脉及萼齿上被微柔毛，散布黄色腺点，内面无毛，明显 15 脉，齿间凹陷由于二脉连结而多少呈瘤状，萼齿 5，等大，长三角状披针形，长 4 mm，先端具锥状尖头。花冠紫色，长约 12 mm，外面被微柔毛及黄色腺点，内面无毛，冠筒略下弯，向上渐扩大，冠檐二唇形，上唇直伸，长 3 mm，先端 2 浅裂，裂片锐尖，下唇长 4 mm，3 裂，中裂片倒心形，先端凹陷，宽不超过二侧裂片，侧裂片宽卵形，宽 1.5 mm。雄蕊 4，前对较长，后对较短，均超出花冠，花丝丝状，无毛，花药 2 室，室极叉开。花柱近等于或稍伸出雄蕊，先端相等 2 浅裂，裂片钻形。花盘平顶。子房顶端具腺点。小坚果长圆状三棱形，长 2.5 mm，宽 0.7 mm，褐色，先端圆，具腺点，基部具一白痕。花期 6 月，果期 8～9 月。
生　　境：山地草原及砾石山坡，海拔 1 000～1 500 m。
产　　地：阿勒泰、塔城等地。
采集加工：夏秋季枝叶繁茂、花开时采收全草，晒干或阴干备用。
化学成分：主要含萜类、黄酮类、挥发油、酚酸类、苯丙素、甾体类等。
功能主治：味辛，性凉。归肺、肝经。镇咳祛痰，清热利湿，杀菌。用于咳嗽气喘、感冒发热。

第三章 被子植物门

4　牛至

学　　名：*Origanum vulgare* L.
别　　名：五香草、罗罗香、土香薷、地藿香、接骨草。
来　　源：唇形科牛至属植物牛至 *Origanum vulgare* L.。
药用部位：全草。
形态特征：多年生草本，高 30～70 cm。根茎斜生，具纤细的须根。茎四棱形，由基部生出 1 至少数不育枝，基部多少紫红色，具蜷曲的白色短柔毛，节间及棱较密。叶片卵形或长圆状卵形，先端钝，基部圆形，两边中部以上具稀疏的小齿，绿色，两面被极少的柔毛或腺点。由许多小穗状花序组成伞房状圆锥花序；苞片长圆状倒卵形，锐尖，顶端微红色；花萼钟形，紫红色，外面被短毛，里面喉部有白色柔毛环，脉 13，萼齿 5，三角形；花冠紫红色，微伸出萼管之外，上部稍膨大，外面被稀疏的柔毛，冠檐二唇形，上唇直立，先端微凹，下唇 3 裂，中裂片较大，两侧裂片较小，长圆形；雄蕊 4，前对稍伸出冠外，后对稍短，不伸出冠外，花丝丝状，光滑，花药卵圆形；花柱微超过雄蕊，先端具 2 不等裂的裂片。小坚果卵圆形，先端圆，基部狭，褐色，光滑。花期 6 月，果期 8 月。
生　　境：山地草甸、林缘及河谷、亚高山草原及河谷。
产　　地：库尔勒、和静等地。
采集加工：夏末秋初开花时采收，晒干。
化学成分：主要含挥发油、水苏糖等。
功能主治：发汗解表，消暑化湿，凉血止血，通便，杀虫。用于中暑、感冒、急性胃肠炎、肝炎、痢疾、便秘、功能性子宫出血、痔疮出血、痈疖疮疡、腹痛、月经不调。外用治腮腺炎、神经性皮炎、疥癣、烧伤、外伤出血。

5 亚洲百里香

学　　名：*Thymus asiaticus* Serg.
来　　源：唇形科百里香属植物亚洲百里香 *Thymus asiaticus* Serg.。
药用部位：全草。
形态特征：半灌木。茎匍匐，紫褐色，顶端具不育侧枝条，被稀疏的向下弯曲的白柔毛，花茎直立，高 4～7 cm，较细弱，被有稀疏的白柔毛。叶 3～4 对，卵状或椭圆形，长 3～10 mm，宽 2～4 mm，基部收缩为楔形，先端钝圆，叶片的基部或叶柄上具稀疏的长睫毛，叶脉 2～3 对，明显突起，叶柄较长，具有睫毛。花着生在枝条的顶端形成头状花序；苞叶长圆形，边缘具睫毛，绿色或先端紫红色，花轴被较密集的长柔毛；花萼钟状，长 3～4 mm，萼筒上面紫红色，外被较稀的白柔毛，萼齿 5 裂，上唇齿披针形，先端渐尖，光滑或具小的刚毛，下唇齿锥形，边缘具睫毛；花冠紫红色，长约 6 mm，外面光滑，里面冠筒下部具稀疏的白毛，冠檐二唇形，上唇直立，先端微凹，下唇 3 裂，裂片几乎等长；雄蕊 4 个，前对较长，伸出冠外；花柱短于雄蕊，先端 2 裂，裂片近相等。花期 6～7 月；果期 8 月。
生　　境：山地草甸及林间空地、针叶林阳坡。
产　　地：阿勒泰、布尔津等地。
采集加工：夏秋采集，晾干即可。
化学成分：主要含挥发油，其精油富含百里香酚、黄酮和甙类等。
功能主治：辛、凉，有小毒。祛风止咳，健脾行气，利湿通淋。主治感冒头痛、咳嗽、百日咳、脘腹疼痛、消化不良、呕吐腹泻、牙痛、小便涩痛、湿疹瘙痒、疮痈肿痛。

6 亚洲薄荷

学　　名：*Mentha asiatica* Boriss.
别　　名：臭薄荷、香薷草、十香菜。
来　　源：唇形科薄荷属植物亚洲薄荷 *Mentha asiatica* Boriss.。
药用部位：地上部分。
形态特征：多年生草本，高 30～100（150）cm；根茎斜行，节上生根；全株被短绒毛，具臭味。茎直立，稍分枝，大多较纤细，钝四棱形，密被短绒毛。叶片长圆形，椭圆形或长圆状披针形，长 3～7 cm，宽 1.0～2.5 cm，有时短于节间，有时对折而向下弯，先端急尖，基部常圆形乃至宽楔形，两面为灰蓝色，下面较浅，两面被贴生的短绒毛，由皱波状、短而细、无横缢的少节毛所组成，下面尚被腺点，边缘疏生浅而不相等的牙齿，脉在上面凹陷下面多少明显；叶柄长 0.5 mm 至近于无柄，密被短绒毛。轮伞花序在茎及分枝的顶端集合成圆柱状先端急尖的穗状花序，此花序长 3～8 cm，宽 1.0～1.5 cm，位于下部的轮伞花序有时较远隔；苞片小，线形或钻形，长 0.5～0.7 cm，有时超出轮伞花序，密被短绒毛，小苞片钻形，与花萼近等长；花梗长约 1 mm，被短柔毛。花萼钟形或漏斗形，长 1.5～2.0 mm，外面多少带紫红，被贴生的短柔毛，内面无毛，脉不明显，萼齿 5，线形，果实靠合。花冠紫红色，长 4～5 mm，外面与伸出萼筒部分被疏柔毛，内面无毛，冠筒向上渐宽大，冠檐 4 裂，上裂片长圆状卵形，长 2 mm，宽 1.5 mm，先端微凹，其余 3 裂片长约 1 mm。雄蕊 4，雄花者伸出，雌花者内藏。花柱伸出花冠很多，先端 2 浅裂。花盘平顶。小坚果褐色，卵珠形，长 1 mm，顶端被疏柔毛，具小窝孔。花期 7～8 月，果期 9 月。
生　　境：平原地区。
产　　地：哈巴河、阿勒泰、塔城、裕民、托里、温泉、博乐、石河子、玛纳斯、乌鲁木齐、阜康、霍城、伊宁、昭苏、特克斯、新源、托克逊、和静等地。
采集加工：7 月下旬采集材料的地上部分，阴干，切成段，粉碎。
化学成分：主要含挥发油等。
功能主治：疏风解表，清热明目，利咽。治疗风热感冒、咽喉肿痛和头痛等疾病。

7 香薷

学　　名：*Elsholtzia ciliata* (Thunb.) Hyland.

别　　名：水芳花、山苏子、青龙刀香薷、荆芥、小荆芥、拉拉香、小叶苏子、蜜蜂草、水荆芥、臭香麻、真荆芥、臭荆芥、荆芥、边枝花、酒饼叶、排香草、山苏子、香草、蜜蜂草、野紫苏、鱼香草、香茹草、德昌香薷、蚂蝗痧、野芝麻、野芭子。

来　　源：唇形科香薷属植物香薷 *Elsholtzia ciliata* (Thunb.) Hyland.。

药用部位：地上部分。

形态特征：1年生草本，全株有香气。茎直立，四棱对称分枝；叶对生，有柄，披针形，先端尖，边缘有锯齿，背面略呈紫色；穗状花序；萼管状或钟状，5齿裂，具腺毛；花冠4裂，淡紫色；雄蕊4，2强；小坚果，卵形。

生　　境：山地草原带、林间空地及灌丛中。

产　　地：石河子、乌鲁木齐、昭苏、和静、塔什库尔干等地。

采集加工：夏秋花初开时割下，扎把阴干，切碎用。

化学成分：主要含挥发油等。

功能主治：发汗解暑、芳香化浊、利水。主治肠胃炎、腹泻、头痛、发热、感冒等疾病。

8 毛罗勒

学　　名：*Ocimum basilicum* L. var. *pilosum* (Willd.) Benth.
别　　名：香菜、假苏、姜芥、罗勒、香草、荆芥。
来　　源：唇形科罗勒属植物毛罗勒（变种）*Ocimum basilicum* L.var. *pilosum* (Willd.)Benth.。
药用部位：全草。
形态特征：1年生草本，高30～60 cm。芳香。茎直立，茎多分枝上升，叶小，长圆形，被极多疏柔毛。叶对生；叶柄被极多疏柔毛；叶片长圆形，长约在2.5 cm以下，边缘有疏锯齿或全缘，有缘毛，上面疏生白色柔毛，下面散布腺点。轮伞花序，有6朵花或更多，组成有间断的较长的顶生总状花序，总状花序延长，被极多疏柔毛；苞片狭卵形或披针形，边缘有缘毛，早落；花萼钟形，长3～7 mm，外面密被具节长柔毛，萼齿5，上唇3齿，中齿最大，近圆，具短尖头，侧齿卵圆形，先端锐尖，下唇2齿，三角形，具刺尖，萼齿边缘均具缘毛，果时花萼增大、宿存；花冠淡粉红色或白色，长6～9 mm，伸出花萼，唇片外面密被长柔毛，上唇宽大，4裂，裂片近圆形，下唇长圆形，下倾；雄蕊4，二强，均伸出花冠外，后对雄蕊花丝基部具齿状附属物并且被短柔毛；子房4裂，花柱与雄蕊近等长，柱头2裂；花盘具4浅齿。小坚果长圆形，褐色。花期6月，果期8月。
生　　境：栽培。
产　　地：和田、喀什等地。
采集加工：茎叶在7～8月采收，留种地可待种子成熟后再收割，除去杂质，切细，晒干或鲜用。
化学成分：主要含挥发油、黄酮类等。
功能主治：健脾化湿，祛风活血。主治湿阴脾胃，纳呆腹痛，呕吐腹泻，外感发热，月经不调，跌打损伤，皮肤湿疹等病症。

9 撒尔维亚

学　　名：*Salvia officinalis* L.
别　　名：白花鼠尾草、药鼠尾草、药用鼠尾草。
来　　源：唇形科鼠尾草属植物撒尔维亚 *Salvia officinalis* L.。
药用部位：全草。
形态特征：多年生草本；根木质。茎直立，基部木质，四棱形，被白色短绒毛，多分枝。叶片长圆形或椭圆形或卵圆形，长 1～8 cm，宽 0.6～3.5 cm，先端锐尖或突尖，稀有变锐尖，基部圆形或近截形，边缘具小圆齿，坚纸质，两面具细皱，被白色短绒毛；叶柄长 3 cm 至近无柄，腹凹背凸，密被白色短绒毛。轮伞花序 2～18 花，组成顶生长 4～18 cm 的总状花序；最下部苞片叶状，上部的宽卵圆形，先端渐尖，基部圆形，无柄，比花萼长，被疏的短绒毛或短缘毛；花梗长约 3 mm，与花序轴密被白色短绒毛。花萼钟形，开花时长 1.0～1.1 cm，结果时增大，长达 1.5 cm，外面在脉上及边缘被短绒毛，余部满布金黄色腺点，多少带紫色，内面满布微硬伏毛，二唇形，几裂至中部，上唇浅裂成 3 齿，齿锥尖，中齿较小，下唇半裂成 2 齿，齿三角形，先端渐尖。花冠紫色或蓝色，长 1.8～1.9 cm，外被短绒毛，以上唇较密，内面离冠筒基部约 3 mm 处有水平向不完全的疏柔毛毛环，冠筒直伸，长约 9 mm，在毛环上渐增大，至喉部宽约 7 mm，冠檐二唇形，上唇直伸，倒卵圆形，长约 6 mm，宽 5.5 mm，先端微凹，下唇宽大，长宽约 1 cm，中裂片倒心形，长 5 mm，宽 8 mm，先端微缺，侧裂片卵圆形，先端锐尖，由于脉向上伸延成小尖头，宽约 3 mm。能育雄蕊 2，伸至上唇，内藏，花丝扁平，长约 5 mm，药隔长约 3 mm，上下臂等长，下药室较小，彼此联合。花柱外伸，先端不相等 2 浅裂，后裂片短。花盘前方稍膨大。小坚果近球形，径约 2.5 mm，暗褐色，光滑。花期 4～6 月。
生　　境：栽培。
产　　地：和田。
采集加工：7～9 月采收，洗净晒干。
化学成分：主要含挥发油，其中以鼠尾烯、蒎烯、桉树脑等为主。
功能主治：具有防腐，抗菌，抗炎，安神之效。叶的浸液可作治疗咽喉炎的漱剂。

四十六、茄科 Solanaceae

1 黑果枸杞

学　　名： *Lycium ruthenicum* Murr.
别　　名： 黑枸杞、墨果枸杞、苏联枸杞、苏枸杞，药用称为"地骨皮"。
来　　源： 茄科枸杞属植物黑果枸杞 *Lycium ruthenicum* Murr.。
药用部位： 果实及根皮。
形态特征： 灌木，有棘刺，高 20～70 cm，茎多分枝，常成"之"字形曲折，白色或灰白色，具不规则的纵条纹，小枝顶端成棘刺状，每节具短棘刺，短枝在幼枝上不明显，在老枝上着生于棘刺两侧，并呈瘤状。叶 2～6 枚簇生于短枝上，在幼枝上单叶互生，近棒状、条状至匙形，有时为条状披针形或条状倒披针形，顶端钝，基部渐窄，肉质，无柄。花 1～2 朵生于短枝上；花梗细；花萼窄钟状，不规则的 2～4 浅裂，裂片膜质，边缘具疏缘毛，果时萼稍膨大并包围果实中下部；花冠漏斗状，

淡紫色，先端 5 浅裂，长约为花筒部的 1/3；雄蕊着生于花冠筒中部，花丝基部稍上处和花冠内壁均具稀疏绒毛；花柱与雄蕊近等长。浆果球形，直径 4～9 cm，成熟后黑紫色。种子肾形。花期 5～6 月，果期 7～10 月。
生　　境： 平原荒漠、盐碱地、盐化沙地、河湖沿岸、干河床或路旁。
产　　地： 托克逊、阿克苏、喀什、和田、若羌等地。
采集加工： 夏季成熟时采收果实，晒干。春、秋两季采挖根皮，切段，晒干。
化学成分： 果实含维生素类、多糖类、甜菜碱等。根含甜菜碱、皂苷等。
功能主治： 滋补肝肾，益精明目，清肺热，镇咳，消炎，退热，健胃，通经。用于抗血脂、降血糖、抗氧化、免疫调节、延缓衰老。对预防及治疗心血管疾病、动脉硬化、肿瘤、哮喘性气管炎、咳嗽、感冒发热、牙龈出血、尿道结石、疥癣等有效。

2 天仙子

学　　名：*Hyoscyamus niger* L.
别　　名：莨菪、牙痛子、牙痛草、黑莨菪、马铃草、苯格哈兰特（维吾尔名）、克来名多那（哈萨克族名）、米罐子。
来　　源：茄科天仙子属植物天仙子 *Hyoscyamus niger* L.。
药用部位：根、叶和种子。
形态特征：2 年生草本，高 1 m 左右，全株被黏质腺毛和柔毛。根粗壮，肉质。叶片长卵形或三角状卵形，无柄而半抱茎，或为楔形向下变窄呈长柄状，边缘羽状深裂或浅裂，裂片三角形，上部呈浅波状，基生叶丛生呈莲座状；茎生叶互生。花单生于叶腋，或呈顶生的蝎尾式总状花序，通常偏向一侧；花萼筒状钟形，密被细腺毛和长柔毛，果时膨大呈坛状，裂片大小不等，呈宽短三角形，顶端锐尖或具小芒尖；花冠钟状，黄色带紫色脉纹，长约为花萼的 1 倍；雄蕊伸出花冠。蒴果卵球状，藏于宿萼内。种子小。花期 6～8 月，果期 8～10 月。

生　　境：平原及山区、路旁、村旁、田野及河边沙地，有野生也有栽培。
产　　地：新疆各地。
采集加工：种子在果成熟时采收，除去杂质。
化学成分：含莨菪碱、阿托品、东莨菪碱、l- 东莨菪碱等。
功能主治：根：用于治疗疥癣、杀虫。叶：性寒，味苦；有大毒；镇痛，解痉；用于胃痛、齿痛、气管炎、咳喘。种子：解痉止痛，安神定痫；主治脘腹疼痛、风湿痹痛、风虫牙痛、跌打伤痛、咳嗽、哮喘、泻痢脱肛、癔症、癫狂、惊痫、震颤性麻痹、眩晕；外用治痈肿疮毒、齿龋齿痛。

3 龙葵

学　　名：*Solanum nigrum* L.

别　　名：野辣虎、野海椒、小苦菜、石海椒、野伞子、野海角、灯龙草、山辣椒、野茄秧、小果果、白花菜、假灯龙草、地泡子、飞天龙、天茄菜。

来　　源：茄科茄属植物龙葵 *Solanum nigrum* L.。

药用部位：全草、根。

形态特征：1年生直立草本，高 0.25～1.00 m。茎无棱或棱不明显，绿色或紫色，近无毛或被微柔毛。叶卵形，先端短尖，基部楔形至阔楔形而下延至叶柄，全缘或每边具不规则的波状粗齿，光滑或两面均被稀疏短柔毛，叶柄长 1～2 cm。蝎尾状花序腋外生，由 3～6（～10）朵花组成，总花梗近无毛或具短柔毛；花萼小，浅杯状，齿卵圆形，先端圆；花冠白色，筒部隐于萼内，冠檐长约 2.5 mm，5 深裂，裂片卵圆形；花丝短，花药黄色，约为花丝长度的 4 倍，顶孔向内；子房卵形，花柱中部以下被白色绒毛，柱头小，头状。浆果球形，熟时黑色。种子多数，近卵形。花果期 7～10 月。

生　　境：生于平原绿洲、荒地、农田旁。

产　　地：阿勒泰、塔城、博乐、乌苏、石河子、玛纳斯、呼图壁、昌吉、乌鲁木齐、伊宁、察布查尔、吐鲁番、库尔勒、轮台、阿克苏、莎车、喀什、疏勒等地。

采集加工：夏、秋采集，鲜用或晒干。

化学成分：主要含生物碱、甾体皂苷、多糖等。

功能主治：全草：性寒，味苦，有小毒；清热解毒，活血消肿，利尿，止咳，止血；用于疔疮肿毒、丹毒、跌打扭伤、慢性气管炎、急性肾炎、膀胱炎、前列腺炎、慢性咳嗽痰喘、水肿、癌肿、胃及十二指肠溃疡、痢疾、食管癌、胃癌等治疗；外用可治痈疖疔疮、天疱疮、蛇咬伤。根：治痢疾、淋浊、带下病、跌打损伤。

4 曼陀罗

学　　名：*Datura stramonium* L.

别　　名：枫茄花、狗核桃、万桃花、洋金花、野麻子、醉心花、闹羊花、赛斯哈塔肯（维吾尔名）、沙斯哈多那（哈萨克名）、土木特张姑（内蒙）。

来　　源：茄科曼陀罗属植物曼陀罗 *Datura stramonium* L.。

药用部位：全草、花、叶和种子。

形态特征：草本或半灌木状，高 0.5～1.5 m，全体近于平滑或在幼嫩部分被短柔毛。茎粗壮，圆柱状，淡绿色或带紫色，下部木质化。叶广卵形，顶端渐尖，基部不对称楔形，边缘有不规则波状浅裂，裂片顶端急尖，有时亦有波状牙齿，侧脉每边 3～5 条，直达裂片顶端，长 8～17 cm，宽 4～12 cm；叶柄长 3～5 cm。花单生于枝杈间或叶腋，直立，有短梗；花萼筒状，长 4～5 cm，筒部有 5 棱角，两棱间稍向内陷，基部稍膨大，顶端紧围花冠筒，5 浅裂，裂片三角形，花后自近基部断裂，宿存部分随果实而增大并向外反折；花冠漏斗状，下半部带绿色，上部白色或淡紫色，檐部 5 浅裂，裂片有短尖头，长 6～10 cm，檐部直径 3～5 cm；雄蕊不伸出花冠，花丝长约 3 cm，花药长约 4 mm；子房密生柔针毛，花柱长约 6 cm。蒴果直立生，卵状，长 3.0～4.5 cm，直径 2～4 cm，表面生有坚硬针刺或有时无刺而近平滑，成熟后淡黄色，规则 4 瓣裂。种子卵圆形，稍扁，长约 4 mm，黑色。花期 6～8 月，果期 7～8 月。

生　　境：平原绿洲、水边、路边、田野。

产　　地：察布查尔、伊宁、石河子、吐鲁番、焉耆、库车、阿克陶、喀什、莎车、和田等地。

采集加工：花：开放时采收，晒干或低温干燥。叶：花谢后采集，晒干。全草：夏秋季采收，晒干。种子：秋季果实成熟时割下果枝，晒干，采集种子。

化学成分：含有醉茄内酯、生物碱、黄酮类、倍半萜类、木脂素、酚酸类、挥发油等。曼陀罗子的主要活性成分为莨菪烷类生物碱，其中东莨菪碱、阿托品和莨菪碱也是其主要毒性成分。

功能主治：全草：性温，味微涩，全株有毒；治哮喘、慢性喘息性支气管炎、慢性肠胃炎、咳嗽、脘腹冷痛、头痛、胃痛、牙痛、风湿痹痛、跌打损伤、外科麻醉；外洗疮毒痈肿。花和叶：含莨菪碱；有平喘止咳、镇痉、镇静、镇痛、麻醉的功能。种子（维吾尔医用）：有镇静、止痛、安神、止咳、平喘等功效，治关节骨痛、胃痛腹痛、咳嗽气喘。

四十七、玄参科 Scrophulariaceae

1 准噶尔毛蕊花

学　　名：*Verbascum songoricum* Schrenk.

来　　源：玄参科毛蕊花属植物准噶尔毛蕊花 *Verbascum songoricum* Schrenk.。

药用部位：全草及花。

形态特征：多年生草本，高达 150 cm，全株被密而厚的灰白色星状毛。基生叶矩圆形至倒披针形，长达 25 cm，宽达 8 cm，基部渐狭成柄，柄长达 10 cm，边具浅圆齿；茎生叶较多，披针状矩圆形至矩圆形，无柄，下部叶的基部宽楔形，上部叶的基部近心形。圆锥花序长达 40 cm，花 2～7 朵簇生，花梗很短，最长者达 6 mm；花萼、花冠外面均密生灰白色星状毛，花萼长约 6 mm，裂片披针形；花冠黄色，直径 15～20 mm；雄蕊 5，花丝具白色绵毛，花药皆肾形。蒴果圆卵形至椭圆状卵形，密生星状毛，约与宿存花萼等长。花期 6 月，果期 8 月。

生　　境：准噶尔盆地北部绿洲、芨芨草滩或湿处，海拔 600～1 000 m。

产　　地：塔城。

采集加工：秋季采集全草，草晒干，花阴干。

化学成分：主要含多糖、三萜皂苷、皂苷类等。

功能主治：全草：清热解毒，止血散瘀，消炎，解疮毒；主治肺炎、慢性阑尾炎；外用治疗各种外伤出血（花、叶研末，压敷患部）、关节扭伤、疮毒（鲜叶捣烂外敷患处）。

四十八、列当科 Orobanchaceae

1 蒙古肉苁蓉

学　　名：*Cistanche tubulosa* (Schenk) Wight.
别　　名：管花肉苁蓉、南疆大芸、红柳大芸。
来　　源：列当科肉苁蓉属植物蒙古肉苁蓉 *Cistanche tubulosa* (Schenk) Wight.。
药用部位：带鳞叶的肉质茎。
形态特征：多年生寄生草本，高 60～75 cm。茎单一。叶乳白色，干后变褐色，三角状披针形，向上渐窄。穗状花序，长 13～25 cm，较粗；苞片三角状披针形；小苞片 2 枚，线状披针形；花萼筒状，顶端 5 裂至中部，裂片近等大，长卵形或长椭圆形；花冠筒状漏斗形，顶端 5 裂，近圆形，近等大，无毛；雄蕊 4，花丝基部稍膨大，密被黄白色长柔毛，花药卵圆形，密被黄白色柔毛，基部钝圆，不具小尖头。蒴果长圆形。种子多数，近圆形，黑褐色，外面网状，有光泽。花期 5～6 月，果期 7～8 月。
生　　境：准噶尔盆地、塔里木盆地沙漠边缘，海拔 600～900 m。寄生于柽柳属植物的根上。
产　　地：奇台、喀什、民丰、和田、于田等地。
采集加工：出土前采收，春、秋两季均可。
化学成分：主要含苯乙醇苷、环烯醚萜苷、木脂素、多糖、生物碱等。
功能主治：补肾壮阳，益精血，润肠通便。用于腰膝痿软、阳痿、遗精、不孕、赤白带下、腰膝酸痛、筋骨痿软、肠燥便秘。

四十九、车前科 Plantaginaceae

1 长叶车前

学　　名： *Plantago lanceolata* L.

别　　名： 披针叶车前、窄叶车前、欧车前。

来　　源： 车前科车前属植物长叶车前 *Plantago lanceolata* L.。

药用部位： 全草及种子。

形态特征： 多年生草本，高 15～50 cm。主根肉质，圆柱形，上部分枝。叶成从基生，披针形或长椭圆状披针形，先端渐尖，基部楔形，全缘或疏生锯齿，密被柔毛或无毛。花葶数个；穗状花序，花密集；苞片卵形，边缘膜质，先端尖，无毛；萼片4,边缘有膜质；花冠筒状，膜质，先端4裂，裂片小，三角状卵形，有1星状突起；雄蕊4，花丝远超出花冠。蒴果卵形，盖裂，下部通常有宿存萼，先端具宿存花柱。种子1～3粒，椭圆形或长卵形，背面隆起，腹面凹入，呈船形。花期5～6月，果期7～8月。

生　　境： 平原绿洲、河边、路旁、草地。天山、帕米尔高原的山地草原至高山草原，海拔 600～3 500 m。

产　　地： 乌鲁木齐、塔城、沙湾、霍城、伊宁、巩留、塔什库尔干等地。

采集加工： 车前子采于秋季种子成熟时，生用或炒用；车前草采于夏季，鲜用或晒干用。

化学成分： 主要含黄酮类、苯乙醇苷类、环烯醚萜类、三萜类等地。

功能主治： 叶和根：具有止血疗伤，止咳解痉之功效；主治外伤出血、咳嗽哮喘、肺病。种子：缓泻。全草：治支气管炎、肺结核、百日咳、胃痉挛、急性胃炎、肠炎、脑炎、水痘、带状疱疹、乳头瘤病毒感染；外用可作伤口愈合药和跌打损伤、切伤及脓肿时的止血药，以及皮炎和昆虫蜇伤。

五十、忍冬科 Caprifoliaceae

1 忍冬

学　　名： Lonicera japonica Thunb.
别　　名： 金银花、金银藤、银藤、二色花藤、二宝藤、右转藤、子风藤、蜜桶藤、鸳鸯藤、老翁须。
来　　源： 忍冬科忍冬属植物忍冬 Lonicera japonica Thunb.。
药用部位： 花蕾。
形态特征： 半常绿藤本；幼枝暗红褐色，密被黄褐色、开展的硬直糙毛、腺毛和短柔毛，下部常无毛。叶纸质，卵形至矩圆状卵形，有时卵状披针形，稀圆卵形或倒卵形，极少有1至数个钝缺刻，长3～5(9)cm，顶端尖或渐尖，少有钝、圆或微凹缺，基部圆形或近心形，有糙缘毛，上面深绿色，下面淡绿色，小枝上部通常两面均密被短糙毛，下部叶常平滑无毛；叶柄长4～8mm，密被短柔毛。总花梗通常单生于小枝上部叶腋，于叶柄等长或稍短，下部者则长达2～4cm，密被短柔毛，并夹杂腺毛；苞片大，叶状，卵形至椭圆形，

长2～3cm，两面均有短柔毛或有时近无毛；小苞片顶端圆形或截形，长约1mm，为萼筒的1/2～4/5，有短糙毛和腺毛；萼筒长约2mm，无毛，萼齿卵状三角形或长三角形，顶端尖而有长毛，外面和边缘都有密毛；花冠白色，有时基部向阳面呈微红，后变黄色，长2～5cm，唇形，筒稍长于唇瓣，很少近等长，外被多少倒生的开展或半开展糙毛或长腺毛，上唇裂片顶端钝形，下唇带状而反曲；雄蕊和花柱均高出花冠。果实圆形，直径6～7mm，熟时蓝黑色，有光泽。种子卵圆形或椭圆形，褐色，长约3mm，中部有凸起的脊，两侧有浅的横沟纹。花期5～6月；果期7～9月。
生　　境： 山坡灌丛、疏林、乱石滩、河滩，海拔1 200～1 900 m。
产　　地： 伊宁、尼勒克等地。
采集加工： 夏季花蕾期采收，干燥。
化学成分： 主要含挥发油、黄酮类、维生素、肌醇等。
功能主治： 清热解毒，消炎退肿。主治外感风热或温病发热、中暑、热毒血痢、痈肿疔疮、喉痹、多种感染性疾病。

五十一、桔梗科 Campanulaceae

1 新疆党参

学　　名：*Codonopsis clematidea* (Schrenk) C. B. Cl.
别　　名：坎替帕儿（维吾尔名）、卡尼提派（维吾尔名）、拜合曼赛皮德（维吾尔名）。
来　　源：桔梗科党参属植物新疆党参 *Codonopsis clematidea* (Schrenk) C. B. Cl.。
药用部位：根。
形态特征：多年生草本。茎基具多数细小茎痕，粗壮。根常肥大呈纺锤状圆柱形而较少分枝，表面灰黄色，近上部有细密环纹，而下部则疏生横长皮孔。茎1至数支，直立或上升，或略近于蔓状，基部有较多而上部有较少的分枝，上部侧枝多数可育，纤细，直伸或略外展，有钝棱，幼时有短刺毛，后渐变无毛，灰绿色。主茎上的叶小而互生，分枝上的叶对生，具柄，微被短刺毛；叶片卵形、卵状矩圆形、阔披针形或披针形，顶端急尖，基部微心形或较圆钝，全缘，不反卷，绿色，密被短柔毛。花单生于茎及分枝的顶端；花梗长，灰绿色，疏生短小的白色硬毛；花萼贴生至子房中部，筒部半球状，具10条明显辐射脉，绿色，有白粉，无毛或微被白色硬毛；裂片间湾缺尖狭，紧接，裂片卵形、椭圆形或卵状披针形，顶端急尖，全缘，蓝灰色，无毛或顶端微具短柔毛；花冠阔钟状，淡蓝色而具深蓝色花脉，内部常有紫斑，无毛；雄蕊无毛，花丝基部微扩大，花药矩圆状。在蒴果上宿存的花萼裂片极度长大，并向外反卷。蒴果下部半球状，上部圆锥状，而整个轮廓近于卵状，顶端急尖。种子多数，狭椭圆状，无翼，两端钝，微扁，浅棕黄色，光滑，无光泽。花果期6～7月，果期8月。
生　　境：山地草原、亚高山草甸、疏林下、林缘、灌丛、河谷，海拔1 500～2 500 m。
产　　地：布尔津、吉木乃、青河、乌苏、玛纳斯、昌吉、乌鲁木齐、米泉、阜康、奇台、巴里坤、伊吾、霍城、伊宁、察布查尔、尼勒克、巩留、特克斯、昭苏、新源、和静等地。
采集加工：夏秋采挖，洗净，晒干。
化学成分：根含生物碱、党参碱、党参次碱，还含糖类、皂苷、酚类和氨基酸等。
功能主治：补中益气、补脑壮阳、健脾胃、润肺、生津、强心。主治头晕、脾胃虚弱、气血两亏、阳痿遗精、神经衰弱、体倦无力、食少、口渴、泄泻、脱肛、风湿性心脏病、脾大。

第三章 被子植物门

2 桔梗

学　　名：*Platycodon grandiflorus* (Jacq.) A. DC.
别　　名：铃当花、包袱花。
来　　源：桔梗科桔梗属植物桔梗 *Platycodon grandiflorus* (Jacq.) A. DC.。
药用部位：根。
形态特征：多年生草本，高 30～120 cm。茎通常无毛，偶密被短毛，不分枝，极少上部分枝。叶全部轮生，部分轮生至全部互生，无柄或有极短的柄，叶片卵形，卵状椭圆形至披针形，基部宽楔形至圆钝，顶端急尖，上面无毛而绿色，下面常无毛而有白粉，有时脉上有短毛或瘤突状毛，边缘具细锯齿。花单朵顶生，或数朵集成假总状花序，或有花序分枝而集成圆锥花序；花萼筒部半圆球状或圆球状倒锥形，被白粉，裂片三角形，或狭三角形，有时齿状；花冠大，蓝色或紫色。蒴果球状，或球状倒圆锥形，或倒卵状。花期 6～9 月；果期 8～9 月。

生　　境：栽培。
产　　地：伊犁。
采集加工：春秋两季可采挖，秋季质佳，去杂质，即浸水中，刮去外皮，晒干或烘干。
化学成分：主要含多糖、有机酸、皂苷等。
功能主治：开宣肺气，祛痰排脓。用于外感咳嗽、咽喉肿痛、肺痈吐脓、胸满肋痛、痢疾腹痛。

五十二、菊科 Compositae

1 总状土木香

学　　名：*Inula racemosa* Hook. f.
别　　名：以木香、木香。
来　　源：菊科旋覆花属植物总状土木香 *Inula racemosa* Hook. f.。
药用部位：根。
形态特征：多年生草本。根状茎块状。

茎高 60～200 cm，基部木质，径达 14 mm，常有长分枝，稀不分枝，下部常稍脱毛，上部被长密毛；节间长 4～20 cm。基部和下部叶椭圆状披针形，有具翅的长柄，长 20～50 cm，宽 10～20 cm；形状及毛茸与上种同；中脉粗壮，与侧脉 15～20 对在下面高起；中部叶长圆形或卵圆状披针形，或有深裂片，基部宽或心形，半抱茎；上部叶较小。头状花序少数或较多数，径 5～8 cm，无或有长 0.5～4.0 cm 的花序梗，排列成总状花序。总苞宽 2.5～3.0 cm，长 0.8～2.2 cm；总苞片 5～6 层，外层叶质，宽达 7 mm；内层较外层长约 2 倍；最内层干膜质；形状和毛茸与上种同。舌状花的舌片线形，长约 2.5 cm，宽 1.5～2.0 mm，顶端有 3 齿；管状花长 9.0～9.5 mm。冠毛污白色，长 9～10 mm，有 40 余个具微齿的毛。瘦果与上种同，无毛。花期 8～9 月，果期 9 月。
生　　境：草原带的水边，湿润的草地草甸，海拔 500～1 900 m。
产　　地：阿勒泰、布尔津、哈巴河、奇台、阜康、石河子、塔城、裕民、托里、沙湾、霍城、伊宁、尼勒克、新源、巩留、特克斯、昭苏、和静等地。
采集加工：春秋采挖，除去泥沙、茎叶和须根，切断，风干、晒干或低温烘干，干燥后剔除粗皮。
化学成分：主要含有挥发油、倍半萜、五环三萜、木脂素、苯丙素等化学成分。
功能主治：性温，味辛、苦。健脾和胃，调气解郁，止痛安胎，理气止痛，开胃驱虫。用于胸腹胀痛、呕吐泄泻、痢疾、疟疾、肋骨挫伤、岔气作痛、胎动不安、慢性胃炎、慢性肝炎、胃肠功能紊乱、肋间神经痛、蛔虫病、结核病。

2 蓼子朴

学　　名：*Inula salsoloides* (Turcz.) Ostenf.
别　　名：黄喇嘛、秃女子草、山猫眼。
来　　源：菊科旋覆花属植物蓼子朴 *Inula salsoloides* (Turcz.) Ostenf.。
药用部位：全草或花序。
形态特征：半灌木，高 30～45 cm。根状茎具分枝，横走，有疏生的叶，长圆状三角形或长卵形。茎斜升或平卧，自基部有密集的分枝，呈帚状，中部以上有较短的分枝，被稀疏的长单毛，有时毛于基部加粗，向下多有乳头状毛，短柱状腺毛，偶有粗短的疣毛，有时茎叶均被毛。叶小而密生，披针形或长圆线形，顶端钝或稍尖，全缘，基部心脏形或自有小耳，半抱茎，边缘稍反卷，稍肉质，上面无毛，下面有较短的毛及腺毛。头状花序单生于枝顶；总苞倒卵形，5～6层，由外及内呈卵形到线形，渐尖，常稍革质；舌状花舌片长圆状线形，顶端3齿裂，筒部长约7 mm；筒状花上部窄漏斗状，顶端3齿裂，裂片三角形。瘦果有5棱，被乳头状腺体与疏长毛；冠毛白色。花期5～6月，果期7～8月。

生　　境：荒漠半荒漠干草原的固定沙丘、农田边、河湖岸边，海拔500～2 000 m。
产　　地：奇台、哈密、和硕、尉犁、轮台、库车、阿克苏、乌恰、英吉沙、巴楚、泽普、麦盖提、岳普湖、莎车、疏勒、疏附、喀什、叶城、皮山、和田、洛浦、策勒、于田、且末、若羌等地。
采集加工：夏季开花时割取地上部分，晒干。
化学成分：主要含萜类、挥发油等。
功能主治：清热利尿，解毒，杀虫。主治外感发热、小便不利、水肿、急性细菌性痢疾、急慢性肠炎。外用治痈疮肿毒、黄水疮、湿疹、灭蛆。

3　苍耳

学　　名：*Xanthium strumarium* Patrin. ex widder

别　　名：苍子、稀刺苍耳、菜耳、猪耳、野茄、胡苍子、痴头婆、抢子、青棘子、羌子裸子、绵苍浪子、苍浪子、刺八裸、道人头、敝子、野茄子、老苍子、苍耳子、虱马头、粘头婆、怠耳、告发子、刺苍耳、蒙古苍耳、偏基苍耳、近无刺苍耳。

来　　源：菊科苍耳属植物苍耳 *Xanthium strumarium* Patrin. ex widder。

药用部位：根、茎、叶、花和果实。

形态特征：1 年生草本，高 20～90 cm。茎下部圆柱形，不分枝或分枝，上部有纵沟，被灰白色糙伏毛，常有椭圆形或条形锈色斑。叶三角状卵形或心形，不裂或 3～5 浅裂，与叶柄相连处常楔形，边缘有不规则的粗锯齿，具 3 基出脉，被糙伏毛。雄头状花序球形，有或无花序梗；总苞片长圆状披针形，被短柔毛；花托柱状，托片倒披菊针形，顶端尖，有微毛；雄花冠钟状，冠檐 5 裂，花药长圆状线形，分离；雌头状花序椭圆状，外层总苞片，披针形，被短柔毛，内层总苞片结合成囊状，椭圆形，绿色或淡黄色，在瘦果成熟时变硬，连喙部长 12～15 mm，外面有疏生带钩的刺，细长，向下增粗，生于隆起的小丘上，小丘及总苞表面被柔毛和腺毛，喙坚硬，锥形，直立或内弯，分离或靠拢。瘦果 2，不等大，倒卵形，灰黑色。花期 7～8 月，果期 9～10 月。

生　　境：平原、丘陵、低山的荒野、路边、农田，海拔 500～1 300 m。

产　　地：布尔津、富蕴、塔城、沙湾、玛纳斯、乌鲁木齐、米泉、奇台、伊吾、霍城、伊宁、察布查尔、特克斯、吐鲁番、焉耆、尉犁、阿图什、喀什、巴楚、莎车等地。

采集加工：秋季收割，采集果实，晒干去刺，生用或炒用。

化学成分：含萜类、噻嗪类、噻吩类、糖苷类、苯丙素类及酚酸类等。

功能主治：根：用于疔疮、痈疽、高血压、痢疾、缠喉痹风等症。茎和叶：性微寒，味辛、苦，有小毒；祛风散热，除湿解毒，杀虫；用于感冒、头风、头晕、风湿痹痛、拘挛麻木、目赤、目翳、风癫、疔疮、热毒疮疡、崩漏、麻风。花：用于白癜顽癣、白痢。果实：散风止痛，杀虫，去湿；用于治疗风寒头痛、鼻渊、齿痛、风寒湿痹、四肢痉挛、疥癣、皮肤瘙痒、虚劳喘咳、胃脘腹痛、小便不利、关节炎、瘫痪、梅毒、麻风、水肿、疔疮痈肿等症。

4 秋英

学　　名：*Cosmos bipinnatus* Cav.
别　　名：格桑花、扫地梅、波斯菊、大波斯菊。
来　　源：菊科秋英属植物秋英 *Cosmos bipinnatus* Cav.。
药用部位：全草。
形态特征：1年生草本，高1～2 m。根纺锤状，多须根，或近茎基部有不定根。茎无毛或稍被柔毛。叶二次羽状深裂，裂片线形或丝状线形。头状花序单生；有花序梗。总苞片外层披针形或线状披针形，近革质，淡绿色，具深紫色条纹，上端长狭尖，较内层与内层等长，内层椭圆状卵形，膜质。托片平展，上端成丝状，与瘦果近等长。舌状花紫红色，粉红色或白色；舌片椭圆状倒卵形，有3～5钝齿；管状花黄色，管部短，上部圆柱形，有披针状裂片；花柱具短突尖的附器。瘦果黑紫色无毛，上端具长喙，有2～3尖刺。花期6～9月，果期9～10月。
生　　境：路旁、田埂、溪岸等地，海拔2 700 m以下。
产　　地：新疆各地。
采集加工：夏、秋季采收，晒干。
化学成分：主要含黄酮类、萜类、木脂素、甾体类和芳香族化合物等。
功能主治：清热解毒，明目化湿。对急性、慢性、细菌性痢疾和目赤肿痛等症有辅助治疗的作用。

5 万寿菊

学　　名：*Tagetes erecta* L.
别　　名：孔雀菊、缎子花、臭菊花、西番菊、红黄草、小万寿菊、臭芙蓉、孔雀草。
来　　源：菊科万寿菊属植物万寿菊 *Tagetes erecta* L.。
药用部位：花、叶及根。
形态特征：1年生草本，高 30～50 cm。茎直立，粗壮，具纵细条棱，分枝向上平展。叶羽状分裂，裂片长椭圆形或披针形，边缘具锐锯齿，上部叶裂片的齿端有长细芒；沿叶缘有少数腺体。头状花序单生，花序梗顶端棍棒状膨大；总苞杯状，顶端具齿尖；舌状花黄色或暗橙色；舌片倒卵形，基部收缩成长爪，顶端微弯缺；管状花花冠黄色，顶端具5齿裂。瘦果线形，基部缩小，黑色或褐色，被短微毛；冠毛有 1～2 个长芒和 2～3 个短而钝的鳞片。花期 7～9 月。
生　　境：栽培。
产　　地：乌鲁木齐、石河子等地。
采集加工：秋、冬季采花，鲜用或晒干。
化学成分：主要含叶黄素、黄酮、α-三联噻吩、挥发油等。
功能主治：花：清热解毒，化痰止咳。根：解毒消肿。花：主治上呼吸道感染、百日咳、支气管炎、眼角膜炎、咽炎、口腔炎、牙痛；外用治腮腺炎、乳腺炎、痈疮肿毒。鲜草外用主治乳腺炎、无名肿毒、疔疮。

6 蓍

学　　　名：*Achillea millefolium* L.
别　　　名：千叶蓍、蚰蜒草。
来　　　源：菊科蓍属植物蓍 *Achillea millefolium* L.。
药用部位：全草。
形态特征：多年生草本，高 30～100 cm，具匍匐状根茎。茎直立，有粗细不等的沟棱，密生白色长柔毛；于上部分枝或不分枝，中部以上叶腋常有缩短的不育枝。叶无柄，披针形、矩圆状披针形或近条形，长 5～7 cm，宽 1.0～1.5 cm，2～3 回羽状全裂，主轴扁平，宽 1.5～2.0 mm，一回裂片多数，间隔 1.5～2.0 mm，末回裂片披针形至条形，长 0.5～1.5 mm，宽 0.3～0.5 mm，顶端具软骨质短尖，叶表面密生蜂窝状小点，被长柔毛；下部叶和营养枝的叶长 10～20 cm，宽 1.0～2.5 cm。头状花序序多数，密集成复伞房状，直径 4～6 cm；总苞矩圆形或近卵形，长约 4 mm，宽约 3 mm，疏生长柔毛；总苞片 3 层，椭圆形至矩圆形，长 1.5～3.0 mm，宽 1.0～1.3 mm，背面中间绿色，中脉凸起，边缘膜质，棕色或淡黄色；托片椭圆形，膜质，背面散生黄色闪亮的腺点，上部被短柔毛；边缘舌状花 5 朵，舌片近圆形，白色、粉红色或淡紫红色，长 1.5～3.0 mm，宽 2.0～2.5 mm，顶端 2～3 齿；中央筒状花为两性花，黄色，长约 2.3～3.0 mm，5 齿裂，外面具腺点。瘦果矩圆形，长约 2 mm，淡绿色，有狭的淡白色边肋，无冠状冠毛。花果期 6～9 月。
生　　　境：山地草原的河滩、草甸，海拔 500～3 000 m。
产　　　地：布尔津、阿勒泰、乌苏、乌鲁木齐、吉木萨尔、伊宁、巩留、和静等地。
采集加工：夏秋季采收，晒干。
化学成分：主要含倍半萜、黄酮、木脂素等。
功能主治：性平，味苦、辛，有小毒。解毒，消肿止痛，活血止血，发汗，祛风。主治风湿关节痛、牙痛、闭经腹痛、胃痛、肠炎、痢疾、泄泻。外用于治疗毒蛇咬伤、痈毒肿痛、跌打损伤、外伤出血。

第三章 被子植物门

7 母菊

学　　名：*Matricaria recutita* L.
别　　名：幼母菊、洋甘菊。
来　　源：菊科母菊属植物母菊 *Matricaria recutita* L.。
药用部位：花或全草。
形态特征：1 年生草本，高约 30 cm，全株无毛。茎有粗细不等棱槽，上部多分枝。下部茎生叶椭圆形或倒披针形，长 3～4 cm，宽 1.5～2.0 cm，2 回羽状全裂，无柄，基部稍扩大，裂片条形，顶端具短尖；上部茎生叶倒卵形或长倒卵形。头状花序花异型，直径 1.0～1.5 cm，在茎枝顶端排列成伞房状，花序梗长 2～4 cm；总苞片 2 层，绿色，顶端钝，具白色宽膜质边缘；花托长圆锥状，中空；边缘的舌状花白色，舌片反折，长约 6 mm，宽 2.5～3.0 mm；中央的筒状花多数，黄色，长约 1.5 mm，顶端 5 裂。瘦果小，长 0.8～1.0 mm，宽约 0.3 mm，淡绿色，侧扁，略弯，顶端斜截形，背面圆形凸起，腹面及两侧有 5 条白色细肋，无冠状冠毛。花果期 5～7 月。

生　　境：河谷旷野、田边。
产　　地：昭苏。
采集加工：夏末开花时采收，晒干。
化学成分：主要含挥发油、黄酮、香豆素和有机酸等。
功能主治：清热解毒，止咳平喘，祛风湿。主治感冒发热、咽喉肿痛、肺热咳喘、热痹肿痛、疮肿。

8 岩蒿

学　　名：*Artemisia rupestris* L.
别　　名：一枝蒿。
来　　源：菊科蒿属植物岩蒿 *Artemisia rupestris* L.。
药用部位：全草。
形态特征：多年生草本，高 20 ～ 50 cm。根状茎木质，常横卧或斜向上，有营养枝，被多数半膜质宿存的叶柄。茎直立或斜升，不分枝或茎上部有少数小的分枝，褐色或红褐色，下部半木质化，灰白色短柔毛，下部后脱落无毛。叶薄纸质，初时叶两面被灰白色短柔毛，后脱落无毛；茎下部与营养枝上叶有短柄，茎下部叶与营养枝叶长圆形或卵状椭圆形，2 回羽状全裂，每侧具裂片 5 ～ 7，上部裂片再次羽状全裂或 3 全裂，下半部裂片通常不再分裂，小裂片短小，栉齿状，披针形，具短叶柄，基部扩大半抱茎；中部叶与下部叶同形，无柄；上部叶与苞叶羽状分裂或 3 全裂。头状花序半球形或近球形，具短梗或近无梗，下垂或斜展，基部常有羽状分裂的小苞片，在茎上排列成穗状花序或近于总状花序；总苞片 3 ～ 4 层，近等长；花序托凸起，半球形，具灰白色托毛；雌花 1 层，8 ～ 16 朵，花冠狭圆锥状，黄色，檐部具 3 ～ 4 裂齿；中央两性花 5 ～ 6 层，30 ～ 70 朵，筒状，黄色，檐部 5 齿裂。瘦果长圆形，顶端常有不对称的膜质冠状边缘。花果期 7 ～ 10 月。
生　　境：荒漠草原、草原、草甸、河谷、林缘、灌丛，海拔 2 000 ～ 4 000 m。
产　　地：阿勒泰、和布克赛尔、精河、乌鲁木齐、伊吾、吐鲁番、哈密、库车、塔什库尔干等地。
采集加工：夏季收割，扎成把，阴干备用。
化学成分：主要含生物碱、挥发油等。
功能主治：清热解毒，健胃消食，活血散瘀，抗过敏，抗菌消炎，利胆，解蛇毒。主治胃痛、胃胀、痛经、感冒头痛、急慢性扁桃体炎、消化不良、大便秘结、肝炎。外用治痔疮出血、无名肿毒、跌打损伤、毒蛇咬伤、荨麻疹、痘疹、神经性皮炎。

9 野艾蒿

学　　名：*Artemisia lavandulaefolia* DC.

别　　名：荫地蒿、野艾、小叶艾、狭叶艾、艾叶、苦艾、陈艾、色古得尔音—沙里尔日（蒙古名）、哲尔日格—荽哈（蒙古名）。

来　　源：菊科蒿属植物野艾蒿 *Artemisia lavandulaefolia* DC.。

药用部位：全草。

形态特征：多年生草本，有时为半灌木状，高 50～100 cm。主根稍明显，侧根多；根状茎稍粗，常匍地，有细而短的营养枝。茎少数，成小丛，稀少单生，具纵棱，分枝多，斜向上伸展；茎、枝被灰白色蛛丝状短柔毛。叶纸质，上面绿色，具密集白色腺点及小凹点，初时疏被灰白色蛛丝状柔毛，后毛稀疏或近无毛，背面除中脉外密被灰白色密绵毛；基生叶与茎下部叶宽卵形或近圆形，2 回羽状全裂或第 1 回全裂，第 2 回深裂，具长柄，花期叶萎谢；中部叶卵形、长圆形或近圆形，1 至 2 回羽状全裂或第 2 回为深裂，每侧有裂片 2～3 枚，裂片椭圆形或长卵形，每裂片具 2～3 枚线状披针形或披针形的小裂片或深裂齿，先端尖，边缘反卷，有叶柄，基部有小型羽状分裂的假托叶；上部叶羽状全裂，具短柄或近无柄；苞片叶 3 全裂或不分裂，裂片或不分裂的苞片叶为线状披针形或披针形，先端尖，边反卷。头状花序极多数，椭圆形或长圆形，有短梗或近无梗，具小苞叶，在分枝的上半部排成密穗状或复穗状花序，并在茎上组成狭长或中等开展，稀为开展的圆锥花序，花后头状花序多下倾；总苞片 3～4 层，外层总苞片略小，卵形或狭卵形，背面密被灰白色或灰黄色蛛丝状柔毛，边缘狭膜质，中层总苞片长卵形，背面疏被蛛丝状柔毛，边缘宽膜质，内层总苞片长圆形或椭圆形，半膜质，背面近无毛，花序托小，凸起；雌花 4～9 朵，花冠狭管状，檐部具 2 裂齿，紫红色，花柱线形，伸出花冠外，先端 2 叉，叉端尖；两性花 10～20 朵，花冠管状，檐部紫红色；花药线形，先端附属物尖，长三角形，基部具短尖头，花柱与花冠等长或略长于花冠，先端 2 叉，叉端扁，扇形。瘦果长卵形或倒卵形。花果期 8～10 月。

生　　境：林缘、草地、山坡、灌丛及农田等，海拔 400～1 000 m。

产　　地：乌鲁木齐、伊宁、喀什、莎车等地。

采集加工：夏、秋季采收，晒干。

化学成分：主要含挥发油、鞣质等。

功能主治：作"艾"（家艾）的代用品。有散寒、祛湿、温经、止血作用。治心腹冷痛、泄泻转筋、久痢、吐衄、下血、月经不调、崩漏、带下、胎动不安、痈疡、疥癣。

10 龙蒿

学　　名：*Artemisia dracunculus* L.
别　　名：狭叶青蒿、蛇蒿、椒蒿、青蒿、"伊舍根—沙里尔日"（蒙古名）、"伊舍根—沙瓦格"（蒙古名）。
来　　源：菊科蒿属植物龙蒿 *Artemisia dracunculus* L.。
药用部位：全草。
形态特征：半灌木状草本，高 40～100 cm。根粗大或略细，木质，垂直；根状茎粗，木质，直立或斜上长，常有短的地下茎。茎通常多数，成丛，褐色或绿色，有纵棱，下部木质，稍弯曲，分枝多，开展，斜向上；茎、枝初时微有短柔毛，后渐脱落。叶无柄，初时两面微有短柔毛，后两面无毛或近无毛，下部叶花期凋谢；中部叶线状披针形或线形，先端渐尖，基部渐狭，全缘；上部叶与苞片叶略短小，线形或线状披针形。头状花序多数，近球形、卵球形或近半球形，具短梗或近无梗，斜展或略下垂，基部有线形小苞叶，在茎的分枝上排成复总状花序，并在茎上组成开展或略狭窄的圆锥花序；总苞片 3 层，外层总苞片略狭小，卵形，背面绿色，无毛，中、内层总苞片卵圆形或长卵形，边缘宽膜质或全为膜质；花序托小，凸起；雌花 6～10 朵，花冠狭管状或稍呈狭圆锥状，檐部具 2(～3) 裂齿，花柱伸出花冠外，先端 2 叉，叉端尖；两性花 8～14 朵，不孕育，花冠管状，花药线形，先端附属物尖，长三角形，基部圆钝；花柱短，上端棒状，2 裂，不叉开，退化子房小。瘦果倒卵形或椭圆状倒卵形。花果期 7～10 月。
生　　境：山坡、草地、林缘及湖边，海拔 1 000～4 500 m。
产　　地：布尔津、阿勒泰、塔城、额敏、精河、乌鲁木齐、奇台、伊吾、尼勒克、昭苏、吐鲁番、哈密、喀什、叶城、皮山、于田等地。
采集加工：夏末开花时割取地上部分，阴干。9～10 月挖根，洗净，晒干。
化学成分：主要含挥发油、生物碱、脂肪酸等。
功能主治：祛风散寒，宣肺止咳。用于风寒感冒、咳嗽气喘。

11 林荫千里光

学　　名：*Senecio nemorensis* L.
来　　源：菊科千里光属植物林荫千里光 *Senecio nemorensis* L.。
药用部位：全草。
形态特征：多年生草本，高 40～100 cm。根状茎短粗，具多数被绒毛的纤维状根。茎单生或有时数个，直立，花序下不分枝，被疏柔毛或近无毛。基生叶和下部茎叶在花期凋落；中部茎叶多数，近无柄，披针形或长圆状披针形，长 10～18 cm，宽 2.5～4.0 cm，顶端渐尖或长渐尖，基部楔状渐狭或多少半抱茎，边缘具密锯齿，稀粗齿，纸质，两面被疏短柔毛或近无毛，羽状脉，侧脉 7～9 对，上部叶渐小，线状披针形至线形，无柄。头状花序具舌状花，多数，在茎端或枝端或上部叶腋排成复伞房花序；花序梗细，长 1.5～3.0 mm，具 3～4 小苞片；小苞片线形，长 5～10 mm，被疏柔毛。总苞近圆柱形，长 6～7 mm，宽 4～5 mm，具外层苞片；苞片 4～5，线形，短于总苞。总苞片 12～18，长圆形，长 6～7 mm，宽 1～2 mm，顶端三角状渐尖，被褐色短柔毛，草质，边缘宽干膜质，外面被短柔毛。舌状花 8～10，管部长 5 mm；舌片黄色，线状长圆形，长 11～13 mm，宽 2.5～3.0 mm，顶端具 3 细齿，具 4 脉；管状花 15～16，花冠黄色，长 8～9 mm，管部长 3.5～4.0 mm，檐部漏斗状，裂片卵状三角形，长 1 mm，尖，上端具乳头状毛。花药长约 3 mm，基部具耳；附片卵状披针形；颈部略粗短，基部稍膨大；花柱分枝长 1.3 mm，截形，被乳头状毛。瘦果圆柱形，长 4～5 mm，无毛；冠毛白色，长 7～8 mm。花期 6～7 月。
生　　境：山区林缘、林下、草原带的河滩、草甸，海拔 1 100～2 300 m。
产　　地：阿勒泰、哈巴河、布尔津、吉木乃、和布克赛尔、塔城、托里、沙湾、温泉、石河子、玛纳斯、乌鲁木齐、阜康、奇台、木垒、巴里坤、霍城、伊宁、新源、巩留、特克斯、尼勒克、和静等地。
采集加工：夏秋采集，鲜用或晒干用。
化学成分：主要含黄酮、有机酸、生物碱等，还含有挥发油和萜类。
功能主治：性寒，味苦、辛。清热解毒。主治热痢、目赤红痛、痈疖疔毒。

12 阿尔泰雪莲

学　　名：*Saussurea orgaadayi* Khanminchun & Krasnoborov

来　　源：菊科风毛菊属植物阿尔泰雪莲 *Saussurea orgaadayi* Khanminchun & Krasnoborov。

药用部位：地上部分。

形态特征：多年生或 2 年生草本，高 40～65 cm。茎单生，直径 2.5～3.0 cm，直立，中空，密被叶片，基部被叶柄的带状残余所覆盖。莲座叶和下部茎叶具叶柄；叶片椭圆形到狭椭圆状卵形，(6～16) cm×(3～4) cm，两面绿色，粗糙，具腺毛，疏生柔毛，边缘具深波状牙齿到锯齿，先端锐尖。中上部茎生叶无梗，狭卵形，椭圆形，或倒卵形，(8～17) cm×(2.0～5.5) cm，基部耳形。最上面的茎生叶卵形到狭三角状卵形，(4～12) cm×(1.5～6.5) cm，膜质，星状围绕着花序，两面淡黄，边缘具牙齿。头状花序 20～30 个，组成半球形的合生花序，直径 12～15 cm，无梗或具短花序梗。总苞钟状，直径 2～3 cm。总苞片 3～5 层，线状钻形，棕色具深色边缘，被绢毛及长柔毛，先端渐尖；外苞片 11～18 (～23) mm× 1～2.5 mm；中部和内部苞片 (14～18) mm×(1.4～1.8) mm。花托裸露或短具乳突。花冠紫色，1.7～1.9 cm，筒部 8.5～9.5 mm，瓣片 8.5～9.0 mm，裂片 4.2～4.6 mm。瘦果麦秆色具黑色斑点，圆筒状，5.0～6.7 mm，钝 5 肋。冠毛麦秆色；外层刚毛状 1～4 mm；内层鬃毛状 1.1～1.4 cm。花期 7～8 月，果期 8～10 月。

生　　境：高山砾石带，海拔 3 000 m。

产　　地：阿勒泰。

采集加工：夏秋季花开时采收，阴干。

化学成分：主要含生物碱、挥发油、多糖、黄酮类等。

功能主治：维医：性大热，二级湿热。中医：味微苦，性温。维医：补肾活血，强筋骨，营养神经，调节异常体液；用于风湿性关节炎、关节疼痛、肺寒咳嗽、肾与小腹冷痛、白带过多等。中医：温肾助阳、祛风胜湿、通经活血；用于风寒湿痹痛、类风湿性关节炎、小腹冷痛、月经不调。

第三章 被子植物门

13 顶羽菊

学　　名：*Acroptilon repens* (L.) DC.
别　　名：苦蒿。
来　　源：菊科顶羽菊属植物顶羽菊 *Acroptilon repens* (L.) DC.。
药用部位：地上部分。
形态特征：多年生草本，高 20～70 cm。根直伸。茎单生，或少数茎成簇生，直立，自基部分枝，分枝斜升，全部茎枝被蛛丝毛，被稠密的叶。全部茎叶质地稍坚硬，长椭圆形或匙形或线形，长 2.5～5.0 cm，宽 0.6～1.2 cm，顶端钝或圆形或急尖而有小尖头，边缘全缘，无锯齿或少数不明显的细尖齿，或叶羽状半裂，侧裂片三角形或斜三角形，两面灰绿色，被稀疏蛛丝毛或脱毛。植株含多数头状花序，头状花序多数在茎枝顶端排成伞房花序或伞房圆锥花序。总苞卵形或椭圆状卵形，直径 0.5～1.5 cm。总苞片约 8 层，覆瓦状排列，向内层渐长，外层与中层卵形或宽倒卵形，包括附属物长 3～11 mm，宽 2～6 mm，上部有附属物，附属物圆钝；内层披针形或线状披针形，包括附属物长约 1.3 cm，宽 2～3 mm，顶端附属物小。全部苞片附属物白色，透明，两面被稠密的长直毛。全部小花两性，管状，花冠粉红色或淡紫色，长 1.4 cm，细管部长 7 mm，簷部长 7 mm，花冠裂片长 3 mm。瘦果倒长卵形，长 3.5～4.0 mm，宽约 2.5 mm，淡白色，顶端圆形，无果缘，基底着生面稍见偏斜。冠毛白色，多层，向内层渐长，长达 1.2 cm，全部冠毛刚毛基部不连合成环，不脱落或分散脱落，短羽毛状。花果期 6～8 月。
生　　境：水边、湿地、盐碱地、荒地、田间、路旁、干山坡，海拔 900～2 400 m。
产　　地：布尔津、阿勒泰、福海、富蕴、青河、塔城、额敏、托里、克拉玛依、奎屯、乌苏、沙湾、石河子、玛纳斯、呼图壁、乌鲁木齐、阜康、奇台、巴里坤、伊吾、霍城、伊宁、巩留、昭苏、新源、托克逊、吐鲁番、鄯善、哈密、和静、焉耆、轮台、库尔勒、尉犁、轮台、阿克苏等地。
采集加工：夏秋采割，鲜用或切段晒干用。
化学成分：主要含萜类、黄酮类等。
功能主治：清热解毒，活血消肿。主治痈疽疥疮，无名肿毒，关节炎。

第三章 被子植物门

14 毛头牛蒡

学　　名： *Arctium tomentosum* Mill.

来　　源： 菊科牛蒡属植物毛头牛蒡 *Arctium tomentosum* Mill.。

药用部位： 果实和根。

形态特征： 2 年生草本，高 40～150 cm。茎直立，粗壮，分枝，绿色或带紫红色，有棱槽，被稀疏的乳突状毛和蛛丝状柔毛，以及黄色腺点。叶有柄，卵形，基部心形或宽心形，沿缘具稀疏的小齿或全缘，上面绿色，被稀疏的乳突状毛和黄色腺点，下面灰白色，被密集的蛛丝状绒毛和黄色腺点；基生叶大，有长叶柄；茎生叶与基生叶同形，被同样的毛被，但沿茎向上逐渐变小，叶柄渐短；最上部叶卵形或长卵形，基部平截形、圆形或宽楔形。头状花序多数或少数，生于茎枝顶端排列成伞房状花序或总状伞房花序或圆锥状伞房花序；总苞卵球形或球形，灰白色或灰绿色，多少密被蛛丝状柔毛；总苞片多层，外层总苞片钻形、披针状钻形或三角状钻形，长约 6 mm，通常反折，中层总苞片线状钻形，长 1.0～1.4 cm，内层总苞片披针形或线状披针形，长约 1.5 cm，通常带紫红色，外层和中层总苞片顶端有倒钩刺，内层总苞片顶端渐尖，无钩刺；小花紫红色，花冠长 9～12 mm，细管部稍长于檐部，被稀疏的黄色腺点，檐部 5 浅裂，裂片长约 2 mm。瘦果倒长卵形，压扁，长 5～6 mm，淡褐色，有多数细条纹和棕褐色的色斑；冠毛多层，刚毛糙毛状，淡褐色，长约 3 mm。花果期 7～9 月。

生　　境： 山坡、山谷、林间空地、林下、水边、湿地、荒地、田间、田边、路旁等，海拔 540～2 400 m。

产　　地： 青河、富蕴、福海、布尔津、奇台、乌鲁木齐、呼图壁、玛纳斯、石河子、塔城、托里、沙湾、乌苏、霍城、伊宁、新源、巩留、昭苏、和静等地。

采集加工： 子：秋季果实成熟时采收，去杂，晒干，生用或炒用。根：春、秋季采挖，趁鲜切片，晒干。

化学成分： 主要含醛、酸、多炔类、多酚类、愈创木内酯类、糖苷及纤维素等。

功能主治： 果实：疏散风热，宣肺透疹，散结解毒。根：清热解毒，疏风利咽。

15 刺儿菜

学　　名：*Cirsium arvense* var. *integrifolium* C. Wimm. et Grabowski

别　　名：大蓟、小蓟、大小蓟、野红花、大刺儿菜。

来　　源：菊科蓟属植物刺儿菜 *Cirsium arvense* var. *integrifolium* C. Wimm. et Grabowski。

药用部位：全草。

形态特征：多年生草本，高 20～（80）120 cm。茎直立，被稀疏的蛛丝状柔毛。全部叶绿色，上面无毛，下面被稀疏或密集的绒毛而呈浅灰色；基生叶到茎中部叶椭圆形、长椭圆形或椭圆状倒披针形，顶端圆钝，基部楔形，全缘叶沿缘有伏贴的细针刺，或羽状浅裂、半裂，裂片斜三角形，顶端有较长的针刺，常无柄；向上叶渐小，与下部叶同形。头状花序单生，或排成顶生的伞房状花序；总苞片约 6 层，覆瓦状排列，被稀疏的蛛丝状柔毛；小花紫红色或白色，雌花花冠长达 2.4 cm，细管部长于檐部 2～4 倍，两性花花冠长达 1.8 cm，细管部分长于檐部 1 倍，檐部 5 裂几达基部。瘦果椭圆形或稍偏斜，顶端截形；冠毛多层，污白色，刚毛长羽状，长于小花花冠。花果期 7～9 月。

生　　境：山地林缘、林间空地、河谷、水边、平原荒地、田间、路旁，海拔 170～2 650 m。

产　　地：阿拉尔、阿图什、和静、阿合奇、乌恰、阿克陶、塔什库尔干等地。

采集加工：割取全草晒干或鲜用。

化学成分：主要含黄酮类、有机酸以及甾醇类等。

功能主治：凉血，止血，祛瘀消肿，镇静，利胆，降胆固醇。用于吐血、衄血、尿血、血淋、便血、血崩、创伤出血、功能性子宫出血、鼻出血、急性传染性肝炎、疔疮、痈肿疮毒、高血压、细菌性痢疾、咽喉炎、扁桃体炎、胆囊炎、心绞痛、神经衰弱性失眠、肾炎及肥胖症等。

16 丝路蓟

学　　名：*Cirsium arvense* (L.) Scop.
来　　源：菊科蓟属植物丝路蓟 *Cirsium arvense* (L.) Scop.。
药用部位：地上部分或根。
形态特征：多年生草本，根直伸。茎直立，30～160 cm，上部分枝，接头状花序下部有稀疏蛛丝毛。下部茎叶椭圆形或椭圆状披针形，长 7～17 cm，宽 1.5～4.5 cm，羽状浅裂或半裂，基部渐狭，多少有短叶柄，或沿茎梢下延，但决不形成明显的茎翼。侧裂片偏斜三角形或偏斜半椭圆形，边缘通常有 2～3 个刺齿，齿顶有针刺，针刺长达 5 mm，齿缘针刺较短；中部及上部茎叶渐小，与下部茎叶同形或长椭圆形并等样分裂，无柄至基部扩大半抱茎。全

部叶两面同色，绿色或下面色淡，两面无毛或有时下面有极稀疏的蛛丝毛。头状花序较多数在茎枝顶端排成圆锥状伞房花序。总苞卵形或卵状长圆形，直径 1.5～2.0 cm，有极稀疏的蛛丝毛，但通常无毛。总苞片约 5 层，覆瓦状排列，向内层渐长，外层及中层卵形，宽 2.0～2.5 mm，包括顶端针刺长 5～7 mm；内层及最内层椭圆状披针形、长披针形至宽线形，长 0.9～1.4 cm，宽 1.0～1.5 mm，外层顶端有反折或开展的短针刺，针刺长近 1 mm，中内层顶端膜质渐尖或急尖，不形成明显的针刺。小花紫红色，雌性小花花冠长 1.7 cm，细管部为细丝状，长 1.3 cm，檐部长 4 mm；两性小花花冠长 1.8 cm，细管部为细丝状，长 1.2 cm，檐部长 6 mm。全部小花檐部 5 裂几达基部。瘦果淡黄色，几圆柱形，顶端截形，但稍见偏斜。冠毛污白色，多层，基部连合成环，整体脱落；冠毛刚毛长羽毛状，长达 2.8 cm。花果期 6～9 月。
生　　境：荒漠戈壁、沙地、荒地、河滩、水边、路旁、田间，以及砾石山坡等，海拔 170～2 500 m。
产　　地：青河、阿勒泰、奇台、乌鲁木齐、昌吉、呼图壁、玛纳斯、石河子、额敏、塔城、沙湾、奎屯、精河、博乐、霍城、伊宁、察布查尔、巩留、特克斯、昭苏、哈密、鄯善、吐鲁番、托克逊、若羌、且末、莎车、民丰等地。
采集加工：夏、秋二季花开时采割地上部分，或秋末挖根，除去杂质，晒干。
化学成分：主要含黄酮类、甾醇类、木脂素、长链炔烯醇类、苷类及挥发油等。
功能主治：凉血止血，祛瘀消肿。用于衄血、吐血、尿血、便血、崩漏下血、外伤出血、痈肿疮毒。

17 红花

学　　名：Carthamus tinctorius L.
别　　名：草红花、刺红花、红蓝花、无刺红花。
来　　源：菊科红花属植物红花 Carthamus tinctorius L.。
药用部位：花。
形态特征：1年生草本，高 40～100 cm。茎直立，上部分枝，全部茎枝白色或淡白色，光滑，无毛。中下部茎叶披针形、披状披针形或长椭圆形，边缘大锯齿、重锯齿、小锯齿以至无锯齿而全缘，极少有羽状深裂的，齿顶有针刺，向上的叶渐小，披针形，边缘有锯齿，齿顶针刺较长。全部叶质地坚硬，革质，两面无毛无腺点，有光泽，基部无柄，半抱茎。头状花序多数，在茎枝顶端排成伞房花序，为苞叶所围绕，苞片椭圆形或卵状披针形，包括顶端针刺，

边缘有针刺，或无针刺，顶端渐长，有篦齿状针刺。总苞卵形。总苞片4层，外层竖琴状，中部或下部有收缢，收缢以上叶质，绿色，边缘无针刺或有篦齿状针刺，顶端渐尖，收缢以下黄白色；中内层硬膜质，倒披针状椭圆形至长倒披针形，顶端渐尖。全部苞片无毛无腺点。小花红色、橘红色，全部为两性，花冠裂片几达檐部基部。瘦果倒卵形，乳白色，有4棱，棱在果顶伸出，侧生着生面。无冠毛。花果期6～8月。
生　　境：栽培。
产　　地：新疆各地。
采集加工：夏季早上露水未干，花橙红时采摘，阴干、晒干或烘干。
化学成分：含醌式查尔酮苷类、黄酮类、生物碱、木脂素、甾醇类、有机酸、烷基二醇类及多炔类等，其中醌式查尔酮苷类是红花中特有的活性成分。还含脂肪油。
功能主治：活血通经，散瘀止痛。治经闭、痛经、恶露不行、症瘕痞块、跌打损伤、痈肿疮疡等。

18 菊苣

学　　名：*Cichorium intybus* L.
别　　名：蓝花菊苣、卡斯尼（维吾尔名）、卡申纳（维吾尔名）、克库其其格（蒙古名）、卡西拉特合（哈萨克名）。
来　　源：菊科菊苣属植物菊苣 *Cichorium intybus* L.。
药用部位：全草。
形态特征：多年生草本，高 30～150 cm。茎枝绿色，疏被弯曲糙毛或刚毛或几无毛。基生叶莲座状，倒披针状长椭圆形，长 6～20 cm，大头状倒向羽状深裂或不裂，疏生尖锯齿，侧裂片 3～6 对或更多，侧裂片镰形或三角形，基部渐窄有翼柄；茎生叶卵状倒披针形或披针形，基部圆或戟形半抱茎，叶质薄，两面疏被长节毛，无柄。头状花序单生或集生茎枝端，或排成穗状花序；总苞圆柱状，长 0.8～1.2 cm，总苞片 2 层，有长缘毛，背面有极稀疏的长腺毛或单毛，外层披针形，长 0.8～1.3 cm，上部绿色，草质，下半部淡黄白色，革质；内层线状披针形，长达 1.2 cm；舌状小花蓝色。瘦果倒卵圆形、椭圆形或倒楔形，褐色，有棕黑色色斑。果实有棱角。花期 6～8 月。

生　　境：山前平原、荒地及农田边，海拔 500～1 200 m。
产　　地：阿勒泰、塔城、博乐、乌鲁木齐、哈巴河、福海、托里、裕民、沙湾、玛纳斯、霍城、伊宁、察布查尔、特克斯、巩留、新源等地。
采集加工：夏秋季采割，切段，晒干。
化学成分：主要含酚酸类、萜类、黄酮类、香豆素类、糖类等。
功能主治：清肝利胆，健胃消食，利尿消肿。用于湿热黄疸、胃痛食少、水肿尿少。

19 药用蒲公英

学　　名：*Taraxacum officinale* F. H. Wigg.
别　　名：西洋蒲公英。
来　　源：菊科蒲公英属植物药用蒲公英 *Taraxacum officinale* F. H. Wigg.。
药用部位：全草、根和叶。
形态特征：多年生草本。根颈部密被黑褐色残存叶基。叶狭倒卵形、长椭圆形，稀少倒披针形，长 4～20 cm，宽 10～65 mm，大头羽状深裂或羽状浅裂，稀不裂而具波状齿，顶端裂片三角形或长三角形，全缘或具齿，先端急尖或圆钝，每侧裂片 4～7 片，裂片三角形至三角状线形，全缘或具牙齿，裂片先端急尖或渐尖，裂片间常有小齿或小裂片，叶基有时显红紫色，无毛或沿主脉被稀疏的蛛丝状短柔毛。花葶多数，高 5～40 cm，长于叶，顶端被丰富的蛛丝状毛，基部常显红紫色；头状花序直径 25～40 mm；总苞宽钟状，长 13～25 mm，总苞片绿色，先端渐尖、无角，有时略呈胼胝状增厚；外层总苞片宽披针形至披针形，长 4～10 mm，宽 1.5～3.5 mm，反卷，无或有极窄的膜质边缘，等宽或稍宽于内层总苞片；内层总苞片长为外层总苞片的 1.5 倍；舌状花亮黄色，花冠喉部及舌片下部的背面密生短柔毛，舌片长 7～8 mm，宽 1.0～1.5 mm，基部筒长 3～4 mm，边缘花舌片背面有紫色条纹，柱头暗黄色。瘦果浅黄褐色，长 3～4 mm，中部以上有大量小尖刺，其余部分具小瘤状突起，顶端突然缢缩为长 0.4～0.6 mm 的喙基，喙纤细，长 7～12 mm；冠毛白色，长 6～8 mm。花果期 6～8 月。
生　　境：低山草原、森林草甸或田间路边。
产　　地：新疆各地。
采集加工：结果前采挖，鲜用或晒干。
化学成分：主要含黄酮、酚酸、多糖、萜类、半倍萜内酯、香豆素等。
功能主治：全草：性寒，味甘、苦；清热解毒，消痈散结，利尿；用于治疗肝胆疾病、慢性水肿、排结石、上呼吸道感染、急性扁桃体炎、咽喉炎、眼结膜炎、流行性腮腺炎、急性乳腺炎、胃炎、肠炎、肝炎、胆囊炎、急性阑尾炎、盆腔炎、痢疾、泌尿系统感染、痈疮疔疮等。根：苦味健胃，利尿，消痔。叶：浸剂用作洗剂，用于婴幼儿肛门疾病。

第三章　被子植物门

20 苦苣菜

学　　名：*Sonchus oleraceus* L.

别　　名：滇苦荬菜。

来　　源：菊科苦苣菜属植物苦苣菜 *Sonchus oleraceus* L.。

药用部位：全草。

形态特征：多年生草本，高 30～100 cm。茎直立，分枝或不分枝。基生叶及下部茎生叶披针形或长椭圆状披针形，顶端渐尖，边缘有锯齿或羽状深裂，裂片宽披针形，或长圆状披针形，末端裂片长，边缘及侧裂片上侧有齿，基部深心形，叉开并急尖，向上叶相似而渐小。头状花序排列成伞房状，生于茎枝顶端，花序下及附近的花序梗上有或疏或密的白色绒毛或腺毛；总苞钟状，总苞片 3～4 层，舌状花黄色，舌片长 7 mm。瘦果椭圆形或纺锤形，亮黄色或棕褐色，除侧棱外，两边各有 1 中棱，各棱间复有 2 条细肋，冠毛白色，易脱落。花期 5～9 月。

生　　境：农田及其附近，海拔 1 200～3 200 m。

产　　地：福海、阿勒泰、吉木乃、奇台、阜康、米泉、乌鲁木齐、玛纳斯、温泉、尼勒克、昭苏、吐鲁番、和硕、尉犁、若羌、阿克苏、阿合奇、喀什、英吉沙、皮山、和田等地。

采集加工：夏季花开前采割，切段，晒干。

化学成分：主要含有萜类、黄酮类、甾体类、皂苷类、香豆素类、甘油酸酯类、木脂素类等。

功能主治：具有清热解毒，消炎止痛，清肺止咳，祛瘀止血，利尿的功效。用于治疗肠炎、痢疾、黄疸、咽喉肿痛、痈疮肿毒、咯血、尿血、便血、虫蛇咬伤等。

21 驱虫斑鸠菊

学　　名：*Vernonia anthelmintica* (L.) Willd.
别　　名：印度山茴香、野茴香、艾特日拉力（维吾尔名）、卡力孜力（维吾尔名）。中药名驱虫斑鸠菊，为维吾尔医常用药材。
来　　源：菊科斑鸠菊属植物驱虫斑鸠菊 *Vernonia anthelmintica* (L.) Willd.。
药用部位：果实。
形态特征：1年生高大草本。茎直立，粗壮，高达60 cm，上部多分枝，具明显的槽沟，被腺状柔毛，叶膜质，卵形、卵状披针形或披针形，顶端尖或渐尖，基部渐狭成长1 cm的叶柄，边缘具粗或锐锯齿，侧脉8对或更多，细脉细而密，网状，两面被短柔毛，在下面脉上毛较密，有腺点。头状花序较多数，较大，在茎和枝端排列成疏伞房状；花序有梗，常具线形的苞片，顶端稍增粗，被密短柔毛及腺点；总苞半球形，总苞片约3层，近等长，外层线形，稍开展，绿色，叶质，外面被短

柔毛和腺点，中层长圆状线，顶端尖，上部常缩狭，绿色，叶质，内层长圆形，从基部向顶端渐膜质，顶端尖；总苞片在结果后全部反折，花托平或稍凹，有蜂窝状突起。小花约40～50个，淡紫色，全部结实，花冠管状，管部细长，檐部狭钟状，有5个披针形裂片。瘦果近圆柱形，基部缩狭，黑色，具10条纵肋，被微毛，肋间有褐色腺点；冠毛2层，淡红色，外层极短，近膜片状，宿存，内层糙毛状，短于瘦果的2倍，易脱落。花期9～10月。

生　　境：栽培。
产　　地：阿克苏地区。
采集加工：秋季果实成熟时采收，除去杂质，晒干。
化学成分：主要含黄酮类、倍半萜类、咖啡酰基奎宁酸类和甾体类等。
功能主治：具有祛风活血、杀虫解毒之功效。常用于治疗白癜风、蛔虫、蛲虫、疮疖肿痛。

主要参考文献

[1] 新疆植物志编辑委员会. 新疆植物志（第一卷）[M]. 乌鲁木齐：新疆科技卫生出版社，1992.

[2] 新疆植物志编辑委员会. 新疆植物志（第二卷·第一分册）[M]. 乌鲁木齐：新疆科技卫生出版社，1994.

[3] 新疆植物志编辑委员会. 新疆植物志（第二卷·第二分册）[M]. 乌鲁木齐：新疆科技卫生出版社，1995.

[4] 新疆植物志编辑委员会. 新疆植物志（第六卷）[M]. 乌鲁木齐：新疆科学技术出版社，1996.

[5] 新疆植物志编辑委员会. 新疆植物志（第五卷）[M]. 乌鲁木齐：新疆科学技术出版社，1999.

[6] 新疆植物志编辑委员会. 新疆植物志（第四卷）[M]. 乌鲁木齐：新疆科学技术出版社，2004.

[7] 新疆植物志编辑委员会. 新疆植物志（第三卷）[M]. 乌鲁木齐：新疆科学技术出版社，2011.

[8] 新疆植物志编辑委员会. 新疆植物志（增补本）[M]. 乌鲁木齐：新疆科学技术出版社，2019.

[9] 钱崇澍等. 中国科学院中国植物志编辑委员会. 中国植物志[M]. 北京：科学出版社，2004.

[10] 李志军，杨赵平，邱爱军. 新疆塔里木盆地野生药用植物图谱[M]. 北京：科学出版社，2014.

[11] 贾晓光，李晓瑾. 新疆特色药用资源图谱Ⅰ[M]. 北京：科学出版社，2013.

[12] 中华本草编委会. 中华本草（维吾尔药卷）[M]. 上海：上海科学技术出版社，2005.

[13] 国家药典委员会. 中华人民共和国药典[M]. 北京：中国医药科技出版社，2015.

[14] 国家中医药管理局，《中华草本》编委会. 中华本草（第八卷、第十一卷、第十三卷）（[M]. 上海：上海科学技术出版社，1999.

[15] 南京中医药大学. 中药大辞典（第二版·上册、下册）[M]. 上海：上海科学技术出版社，2014.

[16] 王国强. 全国中草药汇编（卷一 - 卷四）[M]. 北京：人民卫生出版社，2014.

[17] 刘勇民. 维吾尔药志（上、下）[M]. 乌鲁木齐：新疆科技卫生出版社，1999.

[18] 贾敏如，李星炜. 中国民族药志要[M]. 北京：中国医药科技出版社，2005.

[19] 江纪武. 药用植物辞典[M]. 天津：天津科学技术出版社，2005.

中文种名索引

（按字母顺序排列）

A

阿尔泰雪莲 166

B

白屈菜 47
白梨 56
白桑 26
冰草 12

C

苍耳 153
草原老鹳草 79
长叶车前 146
春蓼 33
刺儿菜 172
刺山柑 50

D

大叶白麻 118
大叶补血草 113
打碗花 120
单柱菟丝子 122
地肤 35
地锦 83

地榆 66
顶羽菊 168

F

番红花 21
凤仙花 86

G

甘草 72
狗尾草 14
贯叶连翘 94
光果甘草 74

H

合欢 67
黑果枸杞 138
黑果小檗 45
黑种草 41
红花 174
虎尾草 13
胡杨 24
花荵 123
藿香 128
茴香 108

J

桔梗	150
尖果沙枣	100
荠	55
蓍	156
集花龙胆	114
蒺藜	81
荩草	15
锦葵	89
节节草	2
菊苣	175
决明	70

K

喀什小檗	44
苦豆子	68
苦苣菜	178

L

蓝枝麻黄	6
肋柱花	116
芦苇	11
藜	34
莲	38
蓼子朴	152
林荫千里光	164
龙葵	140
龙蒿	163
路边青	58
罗布麻	117
骆驼刺	78
骆驼蓬	80

M

马齿苋	37
马蔺	22
毛罗勒	136
毛头牛蒡	170
曼陀罗	142
玫瑰	62
蒙古肉苁蓉	145
密花柽柳	96
母菊	158

N

牛至	132

O

欧洲菘蓝	54

P

啤酒花	27

Q

苘麻	93
青葙	36
秋英	154
驱虫斑鸠菊	179

R

忍冬	147
软紫草	124

S

撒尔维亚	137

森林草莓 60
肾叶白头翁 42
石榴 103
莳萝 109
蜀葵 90
树莓 57
水葱 16
丝路蓟 173
锁阳 106

T

塔里木沙拐枣 30
天仙子 139
田旋花 121
突厥蔷薇 61

W

万寿菊 155

X

西藏堇菜 98
小节眼子菜 10
焮麻 28
香薷 135
新疆阿魏 110
新疆党参 148
新疆圆柏 4
萱草 17
雪白睡莲 39
薰衣草 126

Y

亚洲百里香 133

亚洲薄荷 134
岩蒿 159
药蜀葵 92
药用蒲公英 176
野艾蒿 161
野百合 20
野胡萝卜 112
野罂粟 49
伊贝母 18
伊犁秃疮花 46
异株荨麻 29
硬尖神香草 130
虞美人 48
芫荽 107
月季花 64
月见草 104
芸香 82

Z

枣 88
窄叶芍药 43
胀果甘草 76
芝麻菜 52
中亚沙棘 102
珠芽蓼 31
准噶尔大戟 84
准噶尔金莲花 40
准噶尔毛蕊花 144
紫花苜蓿 71
总状土木香 151

拉丁种名索引

(按字母顺序排列)

A

Abutilon theophrasti 93
Achillea millefolium 156
Acroptilon repens 168
Agastache rugosa 128
Agropyron cristatum 12
Amebia euchroma 124
Anethum graveolens 109
Apocynum venetum 117
Albizia julibrissin 67
Alhagi sparsifolia 78
Althaea officinalis 92
Althaea rosea 90
Arctium tomentosum 170
Artemisia dracunculus 163
Artemisia lavandulaefolia 161
Artemisia rupestris 159
Arthraxon hispidus 15

B

Berberis kaschgarica 44
Berberis heteropoda 45

C

Calystegia hederacea 120

Capparis spinosa 50
Capsella bursa-pastoris 55
Carthamus tinctorius 174
Celosia argentea 36
Chelidonium majus 47
Chenopodium album 34
Chloris virgata 13
Cichorium intybus 175
Cirsium arvense 173
Cirsium arvense var. integrifolium 172
Cistanche tubulosa 145
Codonopsis clematidea 148
Convolvulus arvensis 121
Coriandrum sativum 107
Cosmos bipinnatus 154
Crocus sativus 21
Cuscuta monogyna 122
Cynomorium songaricum 106

D

Datura stramonium 142
Daucus carota 112
Dicranostigma iliensis 46

E

Elaeagnus oxycarpa 100

Elsholtzia ciliata 135

Ephedra glauca 6

Equisetum ramosissimum 2

Eruca sativa 52

Euphorbia humifusa 83

Euphorbia soongarica 84

F

Ferula sinkiangensis 110

Foeniculum vulgare 108

Fragaria vesca 60

Fritillaria pallidiflora 18

G

Calligonum roborovskii 30

Gentiana olivieri 114

Geranium pratense 79

Geum aleppicum 58

Glycyrrhiza glabra 74

Glycyrrhiza inflata 76

Glycyrrhiza uralensis 72

H

Hemerocallis fulva 17

Hippophae rhamnoides subsp. *turkestanica* .. 102

Humulus lupulus 27

Hyoscyamus niger 139

Hypericum perforatum 94

Hyssopus cuspidatus 130

I

Impatiens balsamina 86

Inula racemosa 151

Inula salsoloides 152

Iris lacteal var. *chinensis* 22

Isatis tinctoria 54

J

Juniperus sabina 4

K

Kochia scoparia 35

L

Lavandula angustifolia 126

Lilium brownie 20

Limonium gmelinii 113

Lomatogonium rotatum 116

Lonicera japonica 147

Lycium ruthenicum 138

M

Malva sinensis 89

Matricaria recutita 158

Medicago sativa 71

Mentha asiatica 134

Morus alba 26

N

Nelumbo nucifera 38

Nigella damascena 41

Nymphaea candida 39

O

Ocimum basilicum var. *pilosum* 136

Oenothera biennis 104

Origanum vulgare 132

P

Paeonia hybrida 43
Papaver nudicaule 49
Papaver rhoeas 48
Peganum harmala 80
Phragmites australis 11
Plantago lanceolata 146
Platycodon grandiflorus 150
Poacynum hendersonii 118
Polemonium coeruleum 123
Polygonum persicaria 33
Polygonum viviparum 31
Populus euphratica 24
Portulaca oleracea 37
Potamogeton nodosus 10
Pulsatilla patens 42
Punica granatum 103
Pyrus bretschneideri 56

R

Rosa damascena 61
Rosa chinensis 64
Rosa rugosa 62
Rubus idaeus 57
Ruta graveolens 82

S

Salvia officinalis 137
Saussurea orgaadayi 166
Sanguisorba officinalis 66
Scirpus tabernaemontani 16
Senecio nemorensis 164
Senna tora 70

Setaria viridis 14
Solanum nigrum 140
Sonchus oleraceus 178
Sophora alopecuroides 68

T

Tagetes erecta 155
Tamarix arceuthoides 96
Taraxacum officinale 176
Thymus asiaticus 133
Tribulus terrestris 81
Trollius dschungaricus 40

U

Urtica cannabina 28
Urtica dioica 29

V

Verbascum songoricum 144
Vernonia anthelmintica 179
Viola kunawarensis 98

X

Xanthium strumarium 153

Z

Ziziphus jujuba 88